U0187242

高等职业教育机械类专业系列教材

模具零件手工制作

主　编　钱　军　陈叶娣
副主编　吴颖哲　俞浩荣
参　编　张照远　殷春云

机 械 工 业 出 版 社

全书共设六个任务：任务一梳形零件制作，任务二矩形零件制作，任务三钻孔、铰孔、攻螺纹，属于基本技能学习；任务四单燕尾配合零件制作，任务五正五边形镶配零件制作，属于综合技能学习；任务六手动冲床制作，属于综合项目应用。

本书在内容设置方面，充分考虑学生的学习过程，并结合德国双元制的"六步教学法"，将每一个学习任务分为任务描述、信息收集、工作计划、计划执行、自我检查和自我总结六个环节。

本书可作为高职高专模具设计与制造专业的基础实践指导教材，也可供相关领域的工程技术人员参考。

本书配套有电子课件，凡选用本书作为教材的教师可登录机械工业出版社教育服务网（http://www.cmpedu.com），注册后免费下载。咨询电话：010-88379375。

中国特色高水平高职学校建设项目

江苏高校品牌专业建设工程资助项目（模具设计与制造）（基金号：PPZY2015B187）

2017年江苏省高等教育教改研究课题（高职产教深度融合实训平台建设的路径选择与运行机制研究）（基金号：2017JSJG380）

图书在版编目（CIP）数据

模具零件手工制作/钱军，陈叶娣主编．—北京：机械工业出版社，2019.7（2022.7重印）

高等职业教育机械类专业系列教材

ISBN 978-7-111-63090-6

Ⅰ.①模…　Ⅱ.①钱…　②陈…　Ⅲ.①模具—零部件加工—高等职业教育—教材　Ⅳ.①TG760.6

中国版本图书馆CIP数据核字（2019）第131409号

机械工业出版社（北京市百万庄大街22号　邮政编码100037）
策划编辑：王海峰　于奇慧　责任编辑：于奇慧
责任校对：梁　静　封面设计：马精明
责任印制：邰　敏
北京富资园科技发展有限公司印刷
2022年7月第1版第3次印刷
184mm×260mm·6.25印张·151千字
标准书号：ISBN 978-7-111-63090-6
定价：18.00元

电话服务　　　　　　　网络服务
客服电话：010-88361066　机　工　官　网：www.cmpbook.com
　　　　　010-88379833　机　工　官　博：weibo.com/cmp1952
　　　　　010-68326294　金　书　网：www.golden-book.com
封底无防伪标均为盗版　机工教育服务网：www.cmpedu.com

前　言

本书是在全国教育大会精神的指导下，在教育部《高等职业教育创新发展行动计划（2015—2018 年）》的引领下，在总结了近些年模具技术发展状况的基础上编写的。本书结合高等职业教育教学的特色与高职院校模具设计与制造专业学生的特点，以项目驱动和任务引领为出发点，充分考虑高职学生的认知过程。

本书共设六个任务。为了让学生能更好地学习本门课程，在任务的选择和结构的设置方面都进行了精心的设计，具体体现在以下几个方面：

1）在编写过程中充分考虑到思政教育，在每一个任务中都加入了工匠精神案例。

2）在任务设置方面，秉承由简到繁、由浅入深、由单项技能学习到综合技能运用的原则，遵循学生的认知过程，充分激发学生的学习兴趣。

3）在内容结构方面，参考德国双元制的"六步教学法"，将每一个任务分为六个学习环节，即任务描述、信息收集、工作计划、计划执行、自我检查和自我总结，充分发挥学生在学习中的主体作用。

4）在每一个任务中，加入了学生自评的环节，有助于学生对任务的完成情况有更直观的认识，以便在完成下个任务的过程中能够持续改进。

本书由陈叶娣统筹策划，由钱军统稿，钱军、陈叶娣任主编，吴颖哲、俞浩荣任副主编，参加编写的还有张照远、殷春云。在编写过程中，编者参阅了国内同行一些相关书籍，在此一并表示感谢！

由于编者水平有限，书中难免存在不足之处，望专家和读者批评指正。

编　者

目　录

任务一　梳形零件制作

【知识目标】

1）掌握钳工安全文明生产知识。

2）熟悉并掌握平面划线常用工、量具的作用和用法。

3）了解锯弓、锯条的分类及选用。

【能力目标】

1）会使用工、量具对工件进行平面划线。

2）会选用和安装锯条。

3）能使用手锯对金属材料进行锯割加工。

【素质目标】

1）具有严谨的学习态度，良好的学习习惯。

2）培养学生遵守工作秩序与规范的意识。

3）培养学生保持工作环境清洁有序、着装整洁规范的职业素养。

一、任务描述

图 1-1 所示为梳形零件图，请按照图样要求，使用钳工技术，在规定的时间内完成梳形零件的锯削加工。

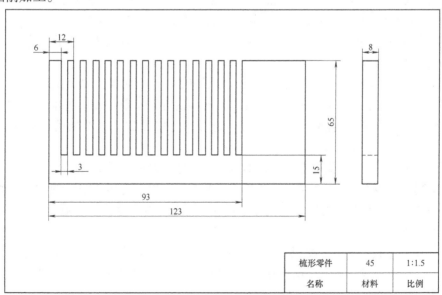

梳形零件	45	1:1.5
名称	材料	比例

图 1-1　梳形零件图

加工要求：

1）使用手锯进行锯削加工，在 45 钢板上加工 15 条锯缝。

2）锯缝需要控制在 3mm 以内。

二、信息收集

1. 钳工安全文明生产知识

（1）着装要求 进入实训车间时，必须穿戴好规定的劳保服装、工作鞋、工作帽等。如图 1-2 所示，工作服的袖口、领口的扣子要扣好，女同学要戴好工作帽。在工作场所内，不允许穿凉鞋、拖鞋、高跟鞋等。首饰和手表等装饰用品需要及时摘除，以防止工作中安全事故的发生。规范的着装习惯，也是现代企业对员工的基本要求，代表着企业的管理水平和良好的形象。

（2）钳工安全操作规程

1）钳工操作前，必须认真检查机械设备等是否正常，若发现有异常情况，应立即报告。

图 1-2　安全着装

2）不得擅自操作不熟悉的设备和工具。

3）台虎钳应用螺栓稳固在钳工台上。用台虎钳夹紧工件时，工件应尽量夹在钳口的中心；夹持力要适当，既要保证工件夹紧，又不能用力过猛，以免损坏台虎钳。

4）严禁手执工、量、刀具及材料等随意挥动，以防发生人身事故。

5）錾削操作时，錾削方向应朝着防护网或墙壁，严禁对着站人的方向錾削，錾子头部产生的明显翻边要及时去除。

6）锤子木柄松动时，要及时装牢，木柄上不应沾油，以防锤子滑出伤人。

7）没有装柄的锉刀、锉刀柄整体开裂或无柄箍的锉刀不能使用。锉削工件时，锉刀柄不能撞击工件，以免锉刀柄脱落造成事故。锉屑不能用嘴吹，也不能用手擦拭工件锉削表面。

8）严禁用锉刀作撬棒或敲击工具，不得使用两把锉刀相互对击。

9）锯削操作过程中，工件将要断开时压力要减小，以避免压力过大使工件突然断开时手向前冲而伤手。工件将断开时，应用左手扶住工件非夹持部分，以避免砸伤脚。不准正对着他人折断锯条。

10）使用的工具、夹具、量具应分类依次排列整齐。量具在使用时不能与工具或工件混放在一起，应放在量具盒上，或放在专用的板架上。量具使用完毕后，应擦拭干净，并放入量具盒中。

11）工作结束后，须按照车间要求打扫卫生，保持工作场地整洁。

2. 划线知识

划线是根据图样或实物的尺寸，准确地在工件表面上划出加工界线的一种钳工操作技能。只需要在一个平面上划线即能明确表示出工件的加工界线的，称为平面划线，如图1-3所示。要同时在工件上几个不同方向的表面上划线才能明确表示出工件的加工界线的，称为立体划线，如图1-4所示。

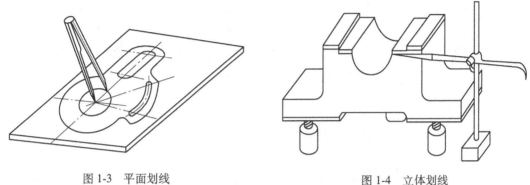

图1-3 平面划线   图1-4 立体划线

由此可见，平面划线与立体划线的区别，并不在于工件形状的复杂程度如何，有时平面划线比立体划线复杂。就划线操作的复杂程度而言，立体划线一般要比平面划线复杂。

（1）常用划线工具 见表1-1。

表1-1 常用划线工具

序号	名称	图　　　示	功用及注意点
1	划线平台		①由铸铁精刨或刮削制成，是用来安放工件和划线用的工具，其表面也可用作检测时的基准 ②平台表面要保持清洁；工件和工具在平台上要轻拿轻放；用后要涂油防锈
2	游标高度卡尺		①用于精密划线和高度测量 ②不允许用于毛坯划线 ③使用时应防止硬质合金划线头与工件发生撞击
3	钢直尺		钳工常用的测量工具，划线时可作为划直线的导向工具

（续）

序号	名称	图　示	功用及注意点
4	划针		①用弹簧钢或高速工具钢制成，用来在工件上划线 ②划线时针尖要紧贴于钢直尺的直边或样板的曲边缘，上部向外侧倾45°~75° ③划线时一定要力度适当、一次划成，不要重复划同一条线 ④用钝的划针，需要在砂轮或油石上磨锐后才能使用，否则划出的线条不精确
5	划规		用中碳钢或工具钢制成，用来划圆、等分线段、等分角度及量取尺寸等
6	V形铁		①划线时用于支撑圆柱形工件的工具，一般用铸铁成对制成 ②夹角一般为90°或120°
7	方箱		①一般由铸铁或大理石制成 ②用于零部件的检测或划线 ③方箱上的V形槽用于装夹圆柱形工件
8	样冲		①用来在划好的线上打样冲眼 ②常用工具钢制成，冲尖磨成45°~60° ③在使用时，先将样冲向外侧倾斜，使尖端对准线的正中，然后再将样冲扶正，打样冲眼
9	手锤		用来在线条上打样冲眼
10	划线涂料		①常用的划线涂料有石灰水、蓝油、硫酸铜溶液 ②石灰水用于铸件、锻件毛坯划线 ③蓝油用于已加工表面划线 ④硫酸铜溶液用于形状复杂的工件划线

（2）划线的作用　划线工作不仅在毛坯表面进行，也经常在已加工过的表面上进行，如在加工后的平面上划出钻孔及多孔之间的相互关系的加工线。

划线的作用有以下几点：

1）确定工件的加工余量，使机械加工有明确的尺寸界线。

2）便于复杂工件按划线来找正在机床上的正确位置。

3）能够及时发现和处理不合格的毛坯，避免再加工而造成更严重的经济损失。

4）采用借料划线可以使误差不大的毛坯得到补救，使加工后的零件仍能符合图样要求。

划线是机械加工的重要工序之一，广泛应用于单件小批量生产，是钳工应掌握的一项重要操作。

（3）划线要求　划线除要求划出的线条清晰均匀外，最重要的是保证尺寸准确。在立体划线中，还应注意使长、宽、高三个方向的线条相互垂直。当划线发生错误或准确度太低时，有可能造成工件报废。由于划出的线条总有一定的宽度，而且在使用各种划线工具进行测量、调整尺寸时难免产生误差，所以不可能绝对准确。一般的划线精度能达到 0.25 ~ 0.5mm。因此，通常不能依靠划线直接确定加工零件的最后尺寸，而必须在加工过程中通过测量来确定工件的尺寸是否达到图样的要求。

（4）划线基准　合理选择划线基准是做好划线工作的关键。只有划线基准选择合理，才能提高划线的质量、效率及工件的合格率。

虽然工件的结构和几何形状各不相同，但是任何工件的几何形状都是由点、线、面构成的。不同工件的划线基准虽有差异，但都离不开点、线、面的范畴。

基准是用来确定生产对象几何要素间的几何关系所依据的点、线、面。在零件图上用来确定其他点、线、面位置的基准，称为设计基准。

划线基准是指在划线时选择工件上的某个点、线、面作为依据，用它来确定工件各部分尺寸、几何形状及工件上各要素的相对位置。

在选择划线基准时，应先分析图样，找出设计基准，使划线基准与设计基准尽量一致，这样能够直接量取划线尺寸，简化换算过程。划线时，应从划线基准开始。

划线基准一般可根据以下三种原则来选择：

1）以两个相互垂直的平面为划线基准。

2）以两条中心线为划线基准。

3）以一个平面和一条中心线为划线基准。

划线时，通常要遵守从划线基准开始的原则，以减小划线误差，简化尺寸换算，进而提高工作效率。当工件有已加工平面（或孔）时，应选择已加工平面为划线基准；对于毛坯，首次划线时应选择最主要的（或大的）平面为划线基准，但该划线基准只能使用一次，下次划线时必须采用已加工平面作为划线基准。

划线时，在零件的每一个方向都必须选择一个划线基准，因此，平面划线时一般要选择两个划线基准，而立体划线时一般要选择三个划线基准。

3. 锯削知识

用手锯对材料或工件进行切断或切槽等的加工方法称为手工锯削。它具有方便、简单和灵活的特点，在单件小批量生产、临时工地以及切割异形工件、开槽、修整等场合应用较为广泛。

（1）常用锯削工具 见表1-2。

表1-2 常用锯削工具

序号	名称	图 示	功用及注意点
1	台虎钳		①用来夹持工件的通用夹具 ②有固定式和回转式两种结构类型，其中回转式台虎钳由于使用方便，因此应用比较广泛
2	锯弓		①用来安装和张紧锯条的工具 ②可分为固定式和可调式两种，可调式锯弓应用较多
3	锯条		①常用碳素工具钢制成，并经淬火和低温退火处理 ②在锯削时起切割作用

（2）锯条的选用和安装

1）锯条的规格。锯条的长度以两端安装孔中心距来表示，其规格有200mm、250mm、300mm。钳工常用的锯条规格为300mm。

2）锯齿的粗细。锯齿的粗细以锯条每25mm长度内的齿数来表示，一般分为粗齿、中齿、细齿三种。每25mm长度内有14~18个齿为粗齿、有22~24个齿为中齿、有32个齿为细齿。

3）锯齿的选择。锯齿的粗细应根据加工材料的硬度和厚度来选择。锯削铜、铝等软材料或厚材料时，需要较大的容屑空间容纳锯屑，应选用粗齿锯条，以防止由于容屑槽不够大而造成锯屑堵塞。锯削硬钢、薄板及薄壁管子时，应选用细齿锯条。锯削软钢、铸铁及中等厚度的工件时，则多选用中齿锯条。锯削较薄材料时，要至少保证三个以上的锯齿同时工作，锯齿才不易因受力过大而折断。

4）锯条安装。锯条安装时，应使齿尖的方向朝前。锯条的张紧力要适中，太紧时锯条受力太大，在锯削过程中用力稍有不当，就会折断；太松则锯削时锯条容易扭曲，也易折断，且锯缝容易歪斜。锯条安装后，要保证锯条平面与锯弓中心平面平行。

（3）工件的夹持 工件伸出钳口不应过长（使锯缝离开钳口约10mm左右），以防止锯削时产生振动。工件一般夹持在台虎钳的左边，锯线应和钳口边缘平行，以便操作。工件需要夹持可靠，同时，应注意夹持过紧易使工件变形或夹伤已加工表面。

（4）锯削的姿势和方法

1）握锯方法。常见的握锯方法是右手满握锯柄，左手拇指压在锯弓背部，其余四指轻轻扶在锯弓前端，将锯弓扶正，如图 1-5 所示。推力和压力的大小，主要由右手掌握，左手压力不要太大。

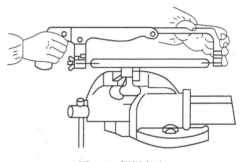

图 1-5 握锯方法

2）锯削站立姿势。锯削开始时，操作者应站在台虎钳左侧，左脚在前，右脚在后。左脚与台虎钳中轴线成 30°，右脚与台虎钳中轴线成 75°，身体与台虎钳中轴线的垂线成 45°，两脚间的距离与肩同宽，如图 1-6 所示。

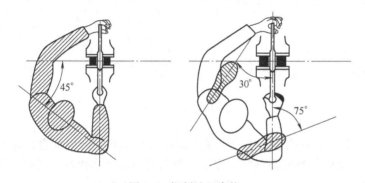

图 1-6 锯削站立姿势

3）起锯方法。起锯分远起锯和近起锯两种，如图 1-7 所示。起锯时，左手大拇指立起，靠住锯条，使锯条能够正确锯削所要锯的位置。起锯行程要短，压力要小，速度要慢。无论采用哪种起锯方法，起锯角均约为 15°。如果起锯角太大，则起锯不平稳，容易卡齿；如果起锯角太小，则锯条与工件接触的齿数较多，不易切入材料，容易导致锯缝偏斜。

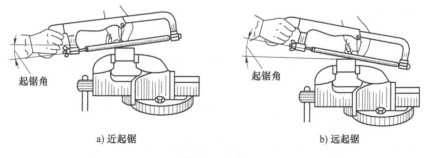

a）近起锯　　　　　　　　　　b）远起锯

图 1-7 起锯

起锯是锯削工作的开始，起锯质量的好坏将直接影响锯削质量。如果起锯不当，常会导致锯条滑出锯割位置而将工件拉毛或引起锯齿崩裂，甚至造成起锯后锯缝与划线位置不一致，使锯削尺寸出现较大偏差。

4）锯削动作。锯削开始时，右脚站直，左腿略向前弯曲，身体向前倾斜 10°左右，重心落在左腿上，双手扶正锯弓，左臂抬起略曲，右臂向后放，与锯削方向保持平行。向前推锯时，身体前倾，带动锯弓向前推进，同时作用一定的下压力。当锯弓推进至 3/4 行程时，身体停止前进，两臂继续推进锯弓向前运动，身体随着锯削的反作用力重心后移，退回至倾斜 15°左右，取消压力，并带动锯弓回撤到原来位置，再进行下一次锯削。锯削姿势如图 1-8 所示。

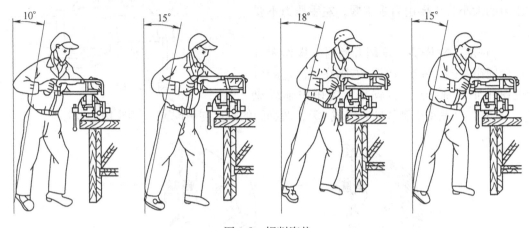

图 1-8　锯削姿势

锯削速度以 40 次/min 为宜。速度太快，锯条容易发热，磨损加重；速度太慢，将直接影响锯削效率。锯削硬材料时需慢些，锯削软材料时可以适当快些。同时，锯削行程应保持均匀，返回行程因取消了下压力，为了提高效率，可相对快些。

锯削时，不要仅使用锯条的中间部分，应尽量使用锯条的全长。为避免局部磨损，一般应使锯削行程不小于锯条长度的 2/3，以提高锯条的使用寿命，避免出现卡齿现象。

三、工作计划

1. 操作要点及步骤

1）检查毛坯尺寸。

2）分析图样，选定划线基准。长度方向以工件的左侧为基准，高度方向以工件的下底面为基准。

3）按照图样要求，使用游标高度卡尺进行划线，注意线条的清晰度。必要时，可涂上划线涂料后再进行划线操作。

4）划线结束后，需要进行检验，以避免因划错而造成工件报废。

5）按线锯削，要求锯缝平直，确保锯缝在两条 3mm 的线条之间。

6）检查锯缝，去毛刺。

2. 工作计划表

根据任务要求，完成工作计划的制订。工作计划表见表 1-3。

表1-3 工作计划表 计划用时：_____ h

序号	工作内容	工量具	切削参数
1			
2			
3			
4			
5			
6			
7			

四、计划执行

1）要遵照已订的计划实施任务。

2）划线前，工量具要擦拭干净，轻拿轻放。游标高度卡尺需要进行校零。

3）划线需一次成形，避免重复划线而导致线条不清晰。划线过程中，应避免游标高度卡尺的划线头因撞击而导致损坏。

4）锯条安装松紧要适度，以免折断崩出伤人。安装时需要检查锯齿的朝向，以免装反。

5）工件夹持要牢靠，起锯角度要合适。锯削速度要适当，不宜过快，以防止锯条加速磨损。锯削行程不宜过短，应尽量使用锯条的全长进行锯削加工。

6）工件快锯断时，需用手扶好工件，以防止工件掉落伤脚。

7）要留意锯缝的平直情况，并及时纠正。

8）要严格按照劳动安全和环境安全进行任务实施，加工过程中工量具需按要求摆放，加工结束后应及时做好整理和清洁工作。

9）在任务实施过程中，需要参考计划时间，保证工作效率。

五、自我检查

请填写评分表（表1-4）。

表 1-4　目测评分表　　　　　　　评分等级：100 分至 0 分

序号	目测评分	学生自测	老师评测	目测得分		
		超差锯缝条数				
1	锯缝需要控制在 3mm 以内，每超差一条扣 10 分，扣完为止					
	成绩					

六、自我总结

根据任务实施过程中出现的问题进行总结，并填写表 1-5。

表 1-5　问题分析表

序号	出现的问题	问题产生的原因	解决方法

工匠精神内涵一：秩序——德国制造的核心

德国制造的核心并不仅仅是质量，而是让生产完美分工、遵守规范、并然有序。德国人工匠精神的重要体现就是在大工业领域的精细生产，对生产秩序细节的日积月累并逐步完善，这也是德国制造的核心竞争力。这一切背后的核心，就是对"秩序"的专注与追求。

博世集团董事斯托瑟说过，秩序是德国企业的核心竞争力。博世公司创立于 1886 年，距今已有 130 多年的历史，生产流程的构建也有相当长的历史。博世公司有能力进行小范围生产，也有能力进行大规模高品质的生产，这其中最关键的就是所有的生产必须是"系统"的。有规矩才能成方圆，生产秩序和产品标准相结合，结果就是质量的提升。

博世的哲学是，不能通过测量和控制来达到高质量水准，而应通过优化生产流程达到最终的质量标准。在产品开发的最初阶段，就要通过选择正确的材料、生产流程，以及供应商和生产机器，最终可以达到消费者所期待的高质量水准。只要完全掌控流程，就可以保障质量。

【知识目标】

1) 了解锉刀的结构和种类。

2) 了解不同锉刀的使用场合和使用方法。

【能力目标】

1) 能正确使用平锉按照图样要求进行平面锉削加工。

2) 会使用刀口尺进行平面检测。

3) 会使用游标卡尺、千分尺、游标万能角度尺进行尺寸检测。

【素质目标】

1) 具有严谨的学习态度，良好的学习习惯。

2) 培养学生质量控制意识，学习精益求精的精神。

3) 培养学生保持工作环境清洁有序、着装整洁规范的职业素养。

一、任务描述

图2-1所示为矩形零件图，请按照图样要求，在规定的时间内完成矩形零件的锉削加工。

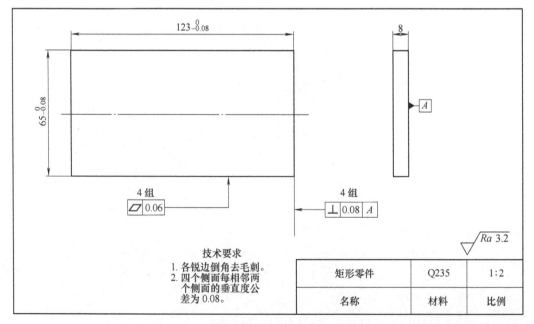

图 2-1　矩形零件图

二、信息收集

用锉刀对工件表面进行切削的加工方法称为锉削加工。锉削加工通常是在錾削、锯削之后进行，且精度较高。其精度可达到 0.01mm，表面粗糙度 Ra 可达到 0.8μm。

锉削加工的主要内容为：锉削内、外表面和曲面，锉削内、外角度和复杂的表面，锉削沟槽、孔和各种形状相配合的表面。

1. 锉削知识

（1）锉刀结构　锉刀由碳素工具钢 T12 或 T13 制成。锉刀由锉身和锉刀柄两大部分组成，各部分名称如图 2-2 所示。锉刀面是锉削的主要工作

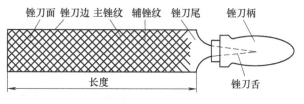

图 2-2　锉刀

面，锉刀舌用来安装锉刀柄。锉刀柄分木制和塑料两种，木柄的安装孔外部应套有铁箍，以防止木柄胀裂。

（2）锉刀种类　锉刀按其用途不同可分为普通钳工锉、异形锉和整形锉三种。

1）普通钳工锉。普通钳工锉按其断面形状又可分为平锉（扁锉）、方锉、三角锉、半圆锉和圆锉 5 种，如图 2-3 所示。

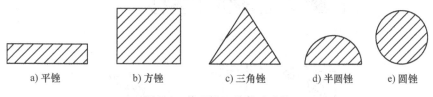

a) 平锉　　　b) 方锉　　　c) 三角锉　　　d) 半圆锉　　　e) 圆锉

图 2-3　普通钳工锉断面形状

2）异形锉。异形锉主要用来锉削工件上的特殊表面，有刀形锉、菱形锉、扁三角锉、椭圆锉和圆肚锉等，如图 2-4 所示。

a) 刀形锉　　　b) 菱形锉　　　c) 扁三角锉　　　d) 椭圆锉　　　e) 圆肚锉

图 2-4　异形锉断面形状

3）整形锉。整形锉又叫什锦锉，主要用来对已加工表面进行修整加工，一般以一组的形式出现，如图 2-5 所示。

（3）锉刀的选用　每一种规格的锉刀，都有各自不同的功用。在选用锉刀时，应根据不同的使用场合，选择合适的锉刀。

1）锉刀断面形状的选择。锉刀的断面形状应符合工件待加工表面的形状和大小，如图 2-6 所示。

2）锉刀齿纹粗细的选择。锉刀齿纹粗细的选择，应根据所加工工件材料的软硬、加工

余量的大小、加工精度的高低和表面粗糙度值的大小来选择。

锉刀的选择一般是根据锉纹号进行的。锉纹号是依据锉刀每 1cm 长度上面齿的齿数来定的。锉纹号越大，锉齿就越细，加工的表面精度就越高，被锉削的材料量也越少。

通常车间使用的锉刀有以下锉纹号。

1 号锉刀：大纹距锉刀，粗齿锉刀。

2 号锉刀：中等纹距锉刀，中齿锉刀。

3 号锉刀：细纹距锉刀，细齿锉刀。

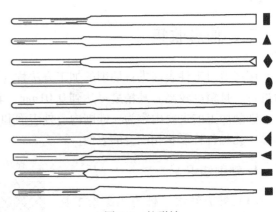

图 2-5　整形锉

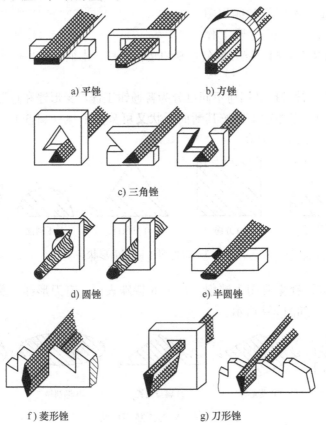

a) 平锉　　　　　b) 方锉

c) 三角锉

d) 圆锉　　　　　e) 半圆锉

f) 菱形锉　　　　g) 刀形锉

图 2-6　根据待加工表面选择锉刀

实践建议：

使用细纹距锉刀锉削时，容屑槽很容易被堵塞，所以加工常常不得不被中断，以清理锉刀。因此，在能达到所要求的表面精度的前提下，应尽量选择较大纹距的锉刀。

（4）锉刀的握持　握持大锉刀时，右手握住锉刀柄，使它抵在拇指根部的手掌上，左手手掌压在锉刀梢部，此外，大拇指和食指轻微张开持于锉刀梢部，如图 2-7a 所示。如果手指紧握梢部，在回锉时就可能被碰伤。

握持中锉刀时，右手握法和大锉刀的握持方法相同，左手只需用大拇指和食指轻轻地扶持。

握持小锉刀时，右手食指伸直，拇指放在锉刀木柄上面，食指靠在锉刀的刀边；左手几个手指压在锉刀中部。更小的整形锉一般只用右手握持，如图 2-7b 所示。

a) 大平板锉刀的握持方法

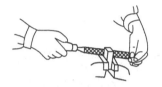

b) 中、小型锉刀的握持方法

图 2-7　锉刀的握持方法

（5）锉削姿势　锉削时的站立姿势如图 2-8 所示，锉削动作如图 2-9 所示。锉削前，身体要向前倾斜 10°左右，把锉刀放在工件上，左臂弯曲，小臂与工件锉削面的前后方向保持基本平行，右肘尽可能收缩到后方，动作要求自然。锉削时，身体与锉刀一起向前运动，右腿伸直并稍向前倾，重心在左脚。最初 1/3 行程时，身体逐渐前倾到 15°左右，使左膝稍微弯曲；其次 1/3 行程，右肘向前推进，同时身体也逐渐倾斜到 18°左右；最后 1/3 行程，用右手腕将锉刀推进，身体随锉刀的反作用力退回到 15°左右的位置。

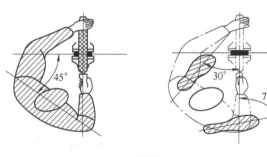

图 2-8　锉削站立姿势

图 2-9　锉削动作

（6）锉削力和速度　锉削时，左、右手的用力大小对加工面的质量有很大的影响。锉削时，左、右手的压力要随着锉刀的推动而逐渐变化。右手的压力随锉刀的推进而增加，左手随锉刀的推进而减小，回程时不要施加压力，以减少锉齿的磨损。锉削过程中的用力如图2-10所示。锉削时，锉削速度一般控制在40次/min左右，推出快，回程慢，动作需协调自然。

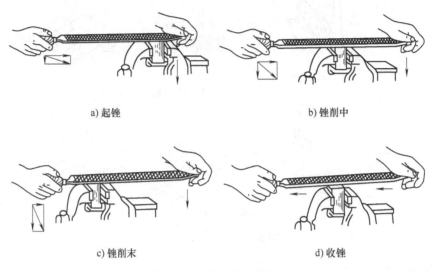

a) 起锉　　　　　　　　　　　　b) 锉削中

c) 锉削末　　　　　　　　　　　d) 收锉

图 2-10　锉削过程中的用力

（7）平面锉削方法

1）顺向锉削。顺向锉削是指锉刀顺着一个方向进行锉削运动。采用顺向锉削，锉削纹路整齐美观，适用于小平面和粗锉后的修整，是一种基本的锉削方法，如图2-11a所示。

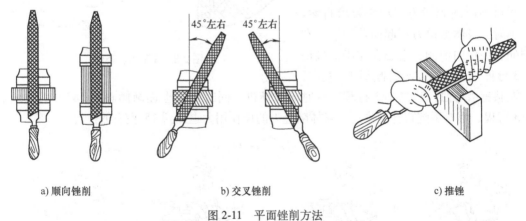

a) 顺向锉削　　　　　　　　b) 交叉锉削　　　　　　　　c) 推锉

图 2-11　平面锉削方法

2）交叉锉削。交叉锉削是以顺向锉削为基础，使锉刀的运动方向与工件成45°左右的夹角，且锉纹交叉。由于锉刀与工件接触面比较大，所以锉削平稳，且可以通过交叉的锉纹判断锉刀锉削的位置，有利于修正锉削部位。交叉锉削，一般适用于粗锉加工，如图2-11b所示。

3）推锉。推锉是指横向握持锉刀进行往复锉削，适用于狭长平面的修整，由于每次锉削切削量小，所以只在余量较小的场合使用，如图 2-11c 所示。

（8）锉刀的正确使用

1）为了防止锉刀过快磨损，不要用锉刀锉削毛坯件的硬皮或工件的淬硬表面，而应先用其他工具或用锉梢前端、边齿加工。

2）锉削时，要充分使用锉刀的有效工作面，避免局部磨损。

3）不能用锉刀作为装拆、敲击和撬物工具，以防止因锉刀材质较脆而折断伤人。

4）使用整形锉时，用力不能太大，以免断裂。

5）锉刀要防水、防油。沾水后的锉刀容易生锈，沾油后的锉刀加工时容易打滑。

6）锉削过程中，若发现锉纹上嵌有切屑，要及时清除，以防止划伤工件表面。锉刀使用后需要及时清理，以防止生锈。

7）放置锉刀时，应避免叠放，以防止损坏锉齿。

2. 测量知识

为了保证锉削质量，在锉削加工过程中，需要对工件进行反复的测量，以保证加工精度。以下是几种常用的测量工具。

（1）钢直尺 钢直尺是最普通的常用量具，其刚性好、自重小。钢直尺的规格（长度）有：100mm、300mm、500mm、1000mm、1500mm、2000mm。除测量长度尺寸外，钢直尺还可用于划线。用于测量长度尺寸时，最常用的规格为 300mm。

（2）钢卷尺 钢卷尺也是钳工常用的量具，具有体积小、自重小、测量范围广的优点。其规格（长度）有：1m、2m、3m、5m、10m、15m、20m、30m、50m、100m。主要用于测量长度尺寸，最常用的规格为 2m 和 5m。

（3）游标卡尺 游标卡尺可以用来测量工件的外形尺寸、内形尺寸、孔距和深度等。游标卡尺的结构如图 2-12 所示。游标卡尺的分度值，一般常见的有 0.02mm、0.05mm 和 0.1mm 三种。

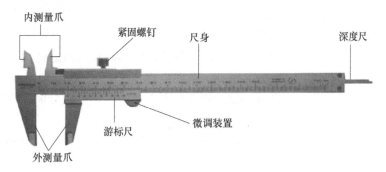

图 2-12　游标卡尺的结构

游标卡尺使用方法：

1）松开紧固螺钉，将测量爪擦拭干净。

2）将游标卡尺合拢，检查零刻度线是否对齐。

3）左手拿稳工件，右手握住尺身，右手大拇指推动游标，对工件进行测量。当测量爪与工件被测面接触时，右手轻轻晃动，保证测量爪与被测面完全贴合。

4）目光正视游标卡尺尺身，对其刻度进行读数。如读数不方便，可锁紧紧固螺钉，将游标卡尺从工件上取下后读数。

5）读数时，先读主标尺示数值，再读游标尺示数值，最后将两数值相加，即为测量结果，如图2-13所示。

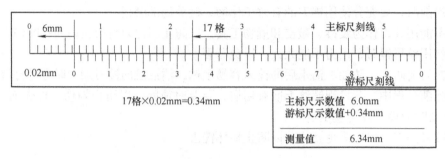

图2-13 游标卡尺读数

6）每次测量完毕，需将游标卡尺放在工作台上的指定位置。测量结束后，将游标卡尺擦拭干净，放回尺盒内妥善保管。

（4）千分尺 千分尺是一种精密量具，其测量精度比游标卡尺高，一般分度值为0.01mm。因此，对于加工精度要求较高的工件尺寸，要用千分尺进行测量。千分尺的结构如图2-14所示。

千分尺使用方法：

1）松开锁紧装置，将测砧和测微螺杆擦拭干净。

2）将测砧与测微螺杆旋合，检查零位刻度是否对齐。对于量程为25mm以上的千分尺，使用校对棒和量块进行校零。

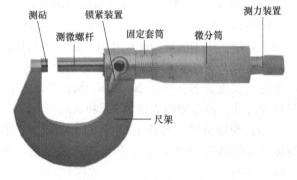

图2-14 千分尺的结构

3）将工件放稳，左手握尺架，右手旋动微分筒，使测砧和测微螺杆与工件的被测表面贴合。

4）目光正视千分尺刻度，进行读数。如读数不方便，可锁紧微分筒，将千分尺从工件上取下后读数。

5）读数时，先读固定套筒示数值，再读微分筒示数值，最后将两数值相加，即为测量结果，如图2-15所示。

6）每次测量完毕，需将千分尺放在工作台上的指定位置。测量结束后，将千分尺擦拭干净，放回尺盒内妥善保管。

（5）游标万能角度尺 游标万能角度尺是用来测量工件角度的量具。一般测量分度值有2′和5′两种，测量范围是0°～320°。其读数方法和游标卡尺相同。游标万能角度尺的结构如图2-16所示。

游标万能角度尺使用方法：

1）使用前，检查各部件是否平稳可靠，制动是否正常，然后将游标万能角度尺擦拭

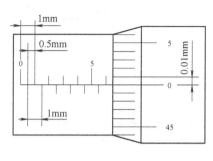
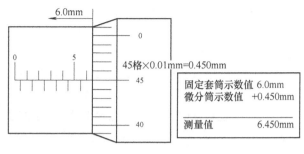

图 2-15　千分尺读数

干净。

2）测量时，松开锁紧螺钉，调整好需要测量的角度，然后将螺钉锁紧。

3）将尺身的主尺座与被测角度的基准面紧密贴合，将直尺的刀口贴合被测面，通过透光法观察加工的角度是否合格。

4）每次测量完毕，需将游标万能角度尺放在工作台上的指定位置。测量结束后，将游标万能角度尺擦拭干净，放回尺盒内妥善保管。

（6）刀口形直角尺　刀口形直角尺是用来检测工件平面度和垂直度的量具。刀口形直角尺的使用方法如图 2-17 所示。

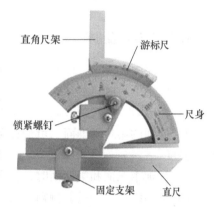

图 2-16　游标万能角度尺的结构

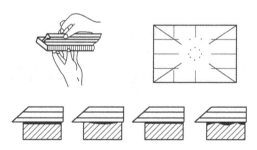
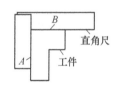

图 2-17　刀口形直角尺的使用方法

刀口形直角尺的使用方法：

1）测量前，应将待测面和基准面清理干净。

2）检测平面度和直线度时，应将检测的刀口与待测面贴合，检查对角线和水平、垂直多个位置，通过透光法来观察平面的加工质量。如果透光微弱且均匀，则该方向的直线度是合格的。如果透光不均匀，则该方向直线度不好。通过不同方向直线度的检测，来确定待测面是否平整。

3）检测垂直度时，先将刀口形直角尺的测量基准面贴紧工件的基准面，然后贴着基准面向下轻轻移动，使直角尺的测量刀口与待测面接触，通过透光法观察被测面与基准面是否垂直。

4）每次测量完毕，需将刀口形直角尺放在工作台上的指定位置。测量结束后，将刀口形直角尺擦拭干净，放在盒内妥善保管。

使用时应注意以下两点：

1）刀口形直角尺在被检测面上改变检测位置时，不能拖动，应提起后再轻轻放到另一检测位置，以防止磨损刀口，影响检测精度。

2）在检测垂直度时，当刀口与被检测面接触时，应停止向下施加压力。若用力过大，易使刀口形直角尺的基准面与工件基准面间产生间隙，从而影响检测精度。

三、工作计划

1. 操作要点及步骤

1）按照图样要求，留好足够的锉削余量并划线。

2）锯割下料时，尽量保证锯缝垂直，避免因锯歪而导致工件报废。

3）锉削时，应选择大面、长面作为第一基准面进行锉削加工。

4）锉削的第二基准面，可选择第一基准面的相邻面。在锉削过程中，要保证其平面度和垂直度。

5）锉削第三面和第四面时，在保证平面度和垂直的基础上，要控制好尺寸。

6）锉削结束，须进行倒角、去毛刺（图样没有注明不允许倒角的锐边，都需要倒角、去毛刺），并按图样要求进行检查。

2. 工作计划表

根据任务要求，完成工作计划的制订。工作计划表见表2-1。

表2-1　工作计划表　　　　　　　计划用时：_____h

序号	工作内容	工量具	切削参数
1			
2			
3			
4			

（续）

序号	工作内容	工量具	切削参数
5			
6			
7			
8			
9			
10			

四、计划执行

1）锯割下料时，放慢速度多观察，尽量保证锯缝垂直。

2）锉削前应检查锉刀，避免锉刀柄因松动脱离而刺伤手腕。

3）锉削过程中，不能用嘴吹铁屑，以防止铁屑进入眼睛，应用毛刷进行清除。当锉刀堵塞时，应用钢丝刷或铜丝刷顺着纹路的方向进行清除。

4）锉削过程中，不能用手触摸加工表面，以避免因沾染油污和汗渍而导致锉削时打滑。

5）放置锉刀时，锉刀柄不要露出工作台面，以防止锉刀掉落伤脚。同时，也要注意锉刀不要交叠放置。

6）锉削过程中要反复测量，通过测量调整锉削姿势，保证形位要求和尺寸公差。

五、自我检查

请填写评分表（表2-2～表2-5）。

表 2-2 检测评分表 评分等级：10 分或 0 分

序号	检测项目	极限偏差/mm	学生自测		老师评测		得分
			实际尺寸	是否符合要求	实际尺寸	是否符合要求	
1	平面度（4 处）	公差 0.06					
2	相邻加工面垂直度（4 处）	公差 0.08					
3	相对 A 基准面垂直度（4 处）	公差 0.08					
4	宽度 65mm	0/-0.08					
5	长度 123mm	0/-0.08					
成绩							K1

表 2-3 目测评分表 评分等级：10 分至 0 分

序号	目测评分	目测得分
1	表面粗糙度 $Ra3.2\mu m$	
2	倒角、去毛刺	
成绩		K2

表 2-4 尺寸评分表 评分等级：10 分或 0 分

序号	检测项目	极限偏差/mm	实际尺寸值	精尺寸	粗尺寸
1	平面度（4 处）	公差 0.06			—
2	相邻加工面垂直度（4 处）	公差 0.08			—
3	相对 A 基准面垂直度（4 处）	公差 0.08			—
4	宽度 65mm	0/-0.08			—
5	长度 123mm	0/-0.08			—
成绩				K3	K4

表 2-5 计划执行评分表

序号	计划执行		成绩	除数	百分制成绩	权重	成绩
1	检测评分	K1				0.3	
2	目测评分	K2				0.1	
3	精尺寸	K3				0.6	
总分 满分 100 分							

六、自我总结

根据任务实施过程中出现的问题进行总结，并填写表2-6。

表2-6　问题分析表

序号	出现的问题	问题产生的原因	解决方法

工匠精神内涵二：精益——49名员工的小公司，承包中国高铁螺母

精益就是精益求精，是从业者对每件产品、每道工序都凝神聚力、追求质量、要求极致的职业品质。所谓精益求精，是指已经做得很好了，还要求做得更好。

"即使做一颗螺钉也要做到最好。"中国的高铁取得了令世界瞩目的成绩，然而，小小的螺母却不得不采用进口的，那就是只有49名员工的小企业——日本哈德洛克（Hard Lock）工业株式会社的永不松动的螺母。

全世界包括中国、英国、澳大利亚、美国等科技水平遥遥领先的国家都要向日本这家只有几十人的小公司订购小小的螺母。要螺母不松动，说起来简单，世界这么大，却只有日本哈德洛克（Hard Lock）工业株式会社可以办到。全世界仅此一家，别无他店。

在被认为是世界上最严格的NAS（美国国家航空航天标准）振动试验中，"Hard Lock螺母"也显示了不凡的成绩。虽然在价格上比一般螺母高出4~5倍，然而一旦拧紧就无须维修，可以节省庞大的保养、检修费用。

任务三　钻孔、铰孔、攻螺纹

【知识目标】

1）了解钻床的结构性能。

2）掌握钻床操作安全知识。

3）了解标准麻花钻的结构。

4）掌握钻削切削参数的选择。

5）掌握手动铰孔、攻螺纹的基本知识。

【能力目标】

1）能正确使用台钻进行钻孔加工。

2）会手动铰孔和攻螺纹。

3）会使用通止规进行精密孔和螺纹孔的检测。

【素质目标】

1）具有严谨的学习态度，良好的学习习惯。

2）培养学生质量控制意识。

3）培养学生保持工作环境清洁有序、着装整洁规范的职业素养。

一、任务描述

如图 3-1 所示，请按照图样要求，在规定的时间内完成螺纹孔和精密孔的加工。

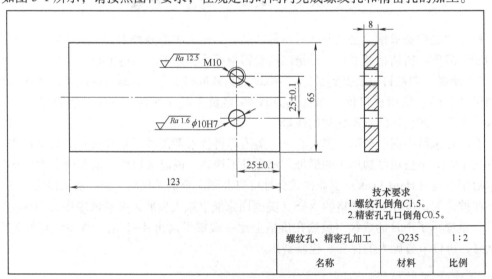

图 3-1　螺纹孔、精密孔加工零件图

二、信息收集

1. 钻孔知识

用钻头在实体材料上加工圆孔的方法称为钻孔。钻孔时，工件固定，钻头随主轴旋转为主运动，钻头沿主轴轴线方向向下移动为进给运动。

钻孔的公差等级一般为 IT11~IT12，表面粗糙度为 $Ra50~12.5\mu m$，常用于加工精度要求较低的孔，或用作孔的粗加工。

（1）麻花钻 钻头的种类较多，常见的有麻花钻、锪孔钻、中心钻等。麻花钻是最常用的钻孔刀具，一般由高速工具钢制成。

麻花钻主要由柄部、颈部和工作部分组成，如图 3-2 所示。

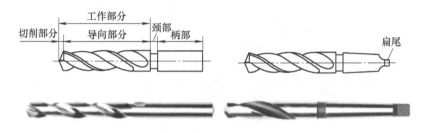

图 3-2 麻花钻的结构

1）柄部。柄部是麻花钻的夹持部分，用来传递钻孔时所需要的转矩和进给力。柄部有圆柱形（直柄）和圆锥形（锥柄）两种形式。直径不大于 13mm 的钻头，一般做成直柄；直径大于 13mm 时，一般做成锥柄。锥柄为莫氏锥度。

2）颈部。颈部位于柄部和工作部分之间，用于磨制钻头时的砂轮退刀槽。颈部一般标注钻头的材料、规格和商标（直柄麻花钻没有颈部，一般标注在柄部）。

3）工作部分。工作部分由切削部分和导向部分组成，是钻头的主要部分。切削部分由两条主切削刃、两条副切削刃、一条横刃、两个前刀面和两个后刀面组成，主要用于切削工作，如图 3-3 所示。

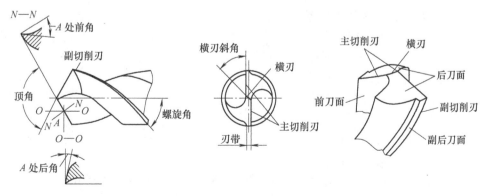

图 3-3 麻花钻切削部分结构图

（2）台式钻床 钳工钻孔常用的设备有台式钻床、立式钻床、摇臂钻床和手电钻等。这里主要介绍一下台式钻床。

台式钻床（简称台钻）一般用来加工小型工件上直径不大于 13mm 的孔。它的主运动是由电动机通过 V 带带动主轴旋转来实现的，可以通过改变 V 带在塔轮上的位置来改变主轴的转速；进给运动主要通过进给手柄来实现。由于台钻的最低转速比较高，所以一般不用作铰孔和锪孔。台钻的结构如图 3-4 所示。

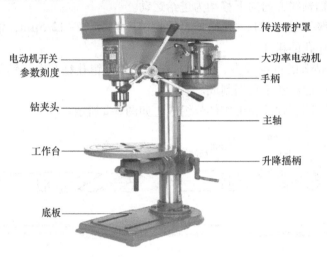

图 3-4 台钻的结构

台钻使用注意事项：

1）钻孔前必须确定主轴正转。

2）只有停机切断电源后，才可以通过改变 V 带位置调整转速。

3）钻通孔时，要使钻头通过工作台台上的让刀孔，以免损坏工作台表面。

4）工作台要保持清洁，台钻要定期上油保养。

（3）钻头的装夹 钻头既可以用钻夹头夹持，也可以直接装在钻轴上。这取决于钻头柄部的形式。

1）直柄钻头的装夹。钻夹头用来夹持直柄钻头，钻头尽可能顶紧钻夹头的底部，从而确保夹持可靠，防止钻头在钻夹头中转动（图 3-5a）。夹紧操作只能通过手动和钻夹头扳手来完成。钻头装夹时，只能使用柄部没有损坏的钻头。

2）锥柄钻头的装夹。锥柄钻头直接装夹在钻轴中，钻头通过轻微的冲击固定在钻轴的锥孔内（图 3-5b）。尺寸小的锥柄必须加装莫氏锥套后再和钻轴的锥孔配合。

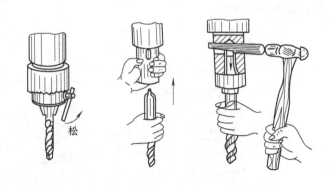

a) 直柄钻头的装夹　　　　b) 锥柄钻头的装夹

图 3-5 钻头装夹

力的传递是通过摩擦来实现的，从钻轴的锥孔传递到钻头上，因此两者必须未损坏并保持清洁无油污。

位于钻头末端的扁尾不传递力，它的作用是取钻头时保护锥体不受损坏，用一个合适的楔子可以将钻头从钻轴中拆卸下来。

（4）工件的夹持　每个工件在钻孔时都要确保夹紧，最常用的夹持工具是平口钳。图3-6 所示为工件的夹持方法。

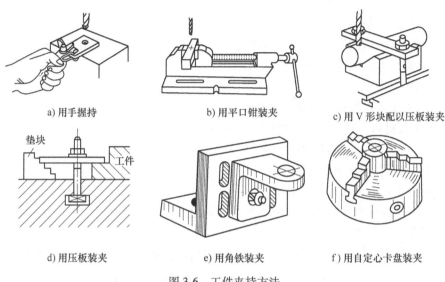

a）用手握持　　　　　　b）用平口钳装夹　　　　c）用 V 形块配以压板装夹

d）用压板装夹　　　　　e）用角铁装夹　　　　　f）用自定心卡盘装夹

图 3-6　工件夹持方法

安全夹紧的基本原则：

1）工件表面清洁且无毛刺。

2）平口钳钳口清洁且无切屑。

3）工件稳固夹持，必要时使用垫块。

（5）切削参数

1）转速（n）。选择步骤如下：

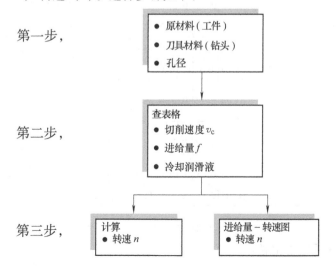

第一步，
- 原材料（工件）
- 刀具材料（钻头）
- 孔径

第二步，
查表格
- 切削速度 v_c
- 进给量 f
- 冷却润滑液

第三步，
计算
- 转速 n

进给量-转速图
- 转速 n

2）切削速度（v_c）。切削速度是指钻孔时，钻头切削刃上最大直径处的线速度，单位为 m/min。主要与工件的原材料和刀具（钻头）材料有关。

切削速度可按照下面公式计算

$$v_c = \frac{\pi D n}{1000}$$

式中　D——钻头的直径（mm）；

　　　n——钻床主轴转速（r/min）；

3）进给量（f）。在钻削时，除了切削速度还要考虑进给量。进给指的是手动或机械式的使钻头沿主轴的方向前进，单位（mm/r）。

实践提示：

进给量的大小可以按以下方法近似计算：

◇ 软的工程材料：进给量≈0.02×孔径/转速。

◇ 硬的工程材料：进给量≈0.01×孔径/转速。

（6）切削液　切削液有以下作用：

1）降低钻孔时钻头和工件的温度。

2）通过润滑减少摩擦阻力，从而减少能量消耗。

3）钻深孔时，用来冲洗切屑。

（7）切削参数的确定　用高速工具钢麻花钻钻孔时的切削参数可参见表3-1。

表3-1　高速工具钢麻花钻钻孔时切削参数标准值

钻头材料	抗拉强度 R_m/ (N/mm^2)	切削速度 v_c/ (m/min)	进给量 f/（mm/r） 钻头直径 D/mm								冷却介质
			2.5	4	6.3	10	16	25	40	63	
非合金结构钢	<700	30~50	0.05	0.08	0.12	0.18	0.25	0.32	0.4	0.56	冷却润滑乳液
	>700	20~25									
合金钢	<1000										
铸铁	<250	15~25	0.08	0.12	0.2	0.28	0.38	0.5	0.63	0.85	干燥压缩空气
	>250	10~20	0.06	0.1	0.16	0.22	0.3	0.4	0.5	0.7	
铜锌合金（脆）	—	60~100	0.08	0.12	0.2	0.28	0.38	0.5	0.63	0.85	
铜锌合金（韧、黏滞）	—	35~60	0.06	0.1	0.16	0.22	0.3	0.4	0.5	0.7	
硅的质量分数不大于11%的铝合金	—	30~50	0.08	0.12	0.2	0.28	0.38	0.5	0.63	0.85	冷却润滑乳液
热塑性塑料	—	20~40	0.08	0.12	0.2	0.28	0.38	0.5	0.63	0.85	水、压缩空气
带有机填充物的热固性塑料	—	15~25	0.05	0.08	0.12	0.18	0.25	0.32	0.4	0.56	干燥压缩空气
带无机填充物的热固性塑料	—	15~35	0.03	0.05	0.08	0.11	0.15	0.2	0.25	0.36	

为了快速调节转速，在许多钻床上安装有进给量-转速图（图3-7）。通过给定的切削速度和钻头直径，可以在进给量-转速图中查出转速。

实践提示：

如果通过计算或者查表，得出的转速在钻床上不可调节，则选择稍小一点的转速。

（8）钻孔过程

1）预钻。钻头在预钻时不可偏移，因此在钻孔前要先打样冲眼。为了使样冲眼能够起到导向作用，样冲眼直径应比钻头的横刃稍大（90°钻头打样冲眼）。预钻时，钻头的轴线应和样冲眼中心一致（对中），预钻结束要检查孔位。

实践提示：

孔的中心距公差小于 0.1mm 时，样冲眼要通过对中扩大，这样可以确保孔在坐标系中的位置更加精确。

2）扩孔。预钻之后的钻孔称为扩孔，可以减少进给力。在加工大孔（直径大于 10mm）

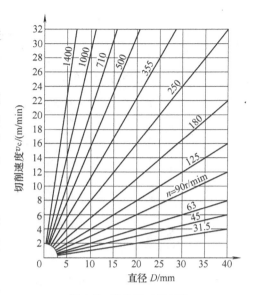

图 3-7　进给量-转速图

时，应先预钻再扩孔。扩孔时，应同时使用合理的切削液。钻孔过程中，需要通过进给的中断来断屑，以防止铁屑过长对人造成伤害。手动进给过程中，在钻头快钻通工件时，应减少进给量，以避免钻头被卡住。

实践提示：

在进给量很小时，钻头的加工变成刮削，钻头很快变钝；在进给量很大时，切削力太大而易使钻头偏移、弯曲甚至折断。

（9）钻孔操作流程

1）夹紧工件。

2）已经划线和打样冲眼后的工件必须在机用虎钳上夹紧，并保证垂直安放。

3）钻床的准备工作。首先将钻床工具夹紧，然后将工作台调节到合适的高度，再调节钻速（对于自动进给的钻床需调节进给量）。将工件以钻头为中心放置，防止虎钳滑移。如有必要，需使用切削液。

4）钻孔加工。打开钻床电源进行钻孔加工，加工结束后关闭电源，拆卸并清洁工件，最后进行倒角去毛刺。

2. 锪孔知识

用锪钻在孔口加工出一定形状的孔或表面的加工方法称为锪孔。它可以保证孔端面与孔中心线垂直，以便与孔连接的零件位置准确，连接可靠。

（1）锪钻分类

1）锥形锪钻。锥形锪钻锥度的选择与使用目的有关。按照工件上的沉头孔锥度不同，有 60°、75°、90°、120°四种。其中 90°锥形锪钻使用最多（图 3-8a），直径在 12~60mm 之间，锪钻齿数为 4~12。这种锥形锪钻用于孔口倒角去毛刺，也可以用来加工锥形沉头孔。

2）带导柱的锥形锪钻。带导柱的锥形锪钻（图 3-8b）主要用来加工比较深的锥形沉头孔。锪钻前端有导柱，导柱与工件上的孔为间隙配合，保证有良好的定心和导向作用。导柱一般做成可拆卸或整体两种。

3）带导柱的平底锪钻。带导柱的平底锪钻（图3-8c）主要用于加工螺栓埋头孔。

4）带可转位刀片的锪钻。带可转位刀片的锪钻（图3-8d）通常由高速工具钢制成。在数控机床上通常也使用带涂层的可转位刀片的平底锪钻或者锥形锪钻。

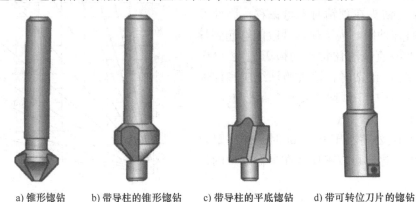

a) 锥形锪钻　　b) 带导柱的锥形锪钻　　c) 带导柱的平底锪钻　　d) 带可转位刀片的锪钻

图 3-8　四种锪钻

（2）锪孔过程

1）切削用量选择。锪孔加工时，为了避免加工缺陷，要通过较小的切削速度和大的进给量来实现去毛刺及锪孔加工。

实践提示：

采用高速工具钢制成的锪钻时，切削速度为 8~12m/min。根据经验，锪孔的切削速度为钻孔时的 1/4。

2）锪孔加工。锪孔加工是钻孔的后续加工工序。

（3）锪孔操作流程

1）首先调节转速，将锪钻插入钻夹头并夹紧。

2）将锪钻切削刃置于工件表面，调整深度刻度盘。

3）调整锪钻和待加工孔的相对位置。

4）将锪钻从工件上退出后起动钻床。

5）按照图样要求进行锪孔加工。

3. 铰孔知识

用铰刀从工件孔壁上切除微量的金属层，以提高孔的尺寸精度和降低表面粗糙度值的加工方法称为铰孔。一般铰孔的尺寸公差等级可达到 IT7~IT9，表面粗糙度可达到 $Ra3.2$~$0.8\mu m$。铰孔是预钻孔后的一道机械或手工加工过程，常用于零件装配过程。

（1）铰刀结构　铰刀由柄部、颈部和工作部分组成。柄部用来装夹，有直柄和锥柄之分。颈部是刃磨铰刀时的砂轮退刀槽，上面刻有商标和规格。铰刀的工作部分用来加工精密孔，由切削部分、校准部分和倒锥部分组成。铰刀结构如图3-9所示。

（2）铰刀分类　铰刀的使用广泛，种类很多。按使用方式可分为手用铰刀和机用铰刀（图3-9）；按结构可分为整体式铰刀、套式铰刀和可调铰刀（图3-10）；按铰孔形状可分为

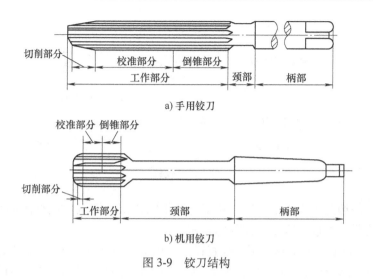

图 3-9　铰刀结构

圆柱铰刀（图 3-11）和圆锥铰刀（图 3-12）；按刀齿形式可分为直齿铰刀和螺旋齿铰刀；按切削部分的材料可分为高速工具钢铰刀和硬质合金铰刀。

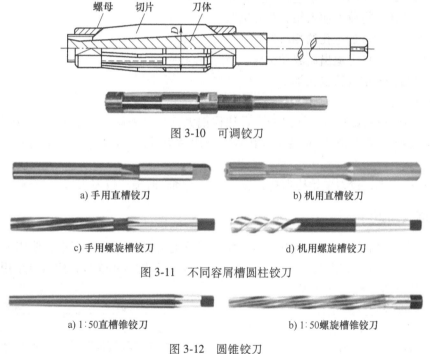

图 3-10　可调铰刀

a) 手用直槽铰刀　　　　　　　　　　　b) 机用直槽铰刀

c) 手用螺旋槽铰刀　　　　　　　　　　d) 机用螺旋槽铰刀

图 3-11　不同容屑槽圆柱铰刀

a) 1:50直槽锥铰刀　　　　　　　　　　b) 1:50螺旋槽锥铰刀

图 3-12　圆锥铰刀

（3）铰杠　使用手用铰刀时，需要用铰杠。铰杠分为普通铰杠和十字铰杠两种（图 3-13）。普通铰杠分固定铰杠和可调铰杠，可调铰杠最为常见。

（4）铰孔过程

1）准备。为了使铰刀的使用寿命尽可能长，需要从规格表中选择标准值，从机械手册中查出切削速度、进给量及切削液。

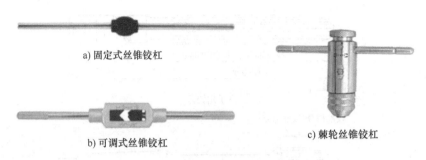

a) 固定式丝锥铰杠

b) 可调式丝锥铰杠

c) 棘轮丝锥铰杠

图 3-13　铰杠

由于铰孔时的切削厚度很小，所以切削速度相比钻孔时要小，但进给量更大。借助切削速度和待铰孔直径，可以计算出所需要的转速。

2）确定加工余量。为了确定预钻孔直径，可以通过查表确定相应的加工余量。由于加工余量是根据半径给出的，所以应把查出的值按两倍计算，最后从最终直径中减去加工余量。

（5）铰孔操作流程

1）钻孔后，按照图样要求进行孔口倒角。

2）调节转速，将铰刀插入钻夹头并夹紧。

3）调整铰刀和待加工孔的相对位置。

4）将铰刀从工件上退出后起动钻床。

5）按照图样要求进行铰孔加工。

实践提示：

◇ 在使用麻花钻钻孔时，钻出的孔径往往偏大。举例来说，一个直径为 $\phi8.7\text{mm}$ 的钻头，钻出的孔径往往是 $\phi8.8\text{mm}$ 左右。因此，选用钻头时，其直径应比查表得到的钻头直径小 0.1mm。

◇ 铰孔过程中，铰刀要始终保持正转，以防止倒转时损坏铰刀刃口。

4. 攻螺纹知识

（1）丝锥　丝锥是加工各种中、小尺寸内螺纹的刀具，其结构简单，使用方便。它可以采用手动操作或在机床上工作，所以应用十分广泛。丝锥按用途分，主要有手用丝锥、机用丝锥、挤压丝锥、螺母丝锥等。

1）丝锥的结构。丝锥由切削部分、校准部分和柄部组成（图 3-14）。切削部分带有锥度，便于加工过程中导向和分配载荷。校准部分主要用于校准已切出的螺纹，具有完整的齿形。柄部呈方形，可方便地安装在机床上以传递转矩。

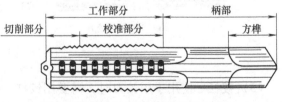

图 3-14　丝锥的结构

在丝锥的切削和校准部分，沿轴线开有容屑槽。通常丝锥的容屑槽为 3 条，较大丝锥和管螺纹丝锥有 6 条容屑槽。容屑槽分直槽和螺旋槽。为了便于排屑，不通孔螺纹加工常采用螺旋槽丝锥。

2）丝锥的精度等级。机用丝锥有 1、2、2a、3a 四种精度等级，分别用于加工 1、2、2a 级螺纹孔及 3 级需要镀覆层的螺纹孔（指需要镀铜、锌的螺纹孔，这种螺纹又称间隙螺纹）。手用丝锥有 3 级和 3b 级两种精度，3 级用来加工 3 级螺纹孔，3b 级用来加工有镀覆层的螺纹孔。

（2）攻螺纹过程 在工作过程中，丝锥主要是切削金属材料，同时伴随有挤压的作用。材料塑性越好，挤压越明显。因此，攻螺纹前，选择的螺纹底孔的直径要稍大于查表得到直径值。

（3）手动攻螺纹操作流程

1）钻孔后，孔口进行倒角，倒角直径略大于螺纹直径。

2）夹持工件可靠，并尽量保证待加工螺纹孔的轴线垂直。

3）在待加工面和丝锥上涂抹润滑油。

4）起攻时，要放正丝锥，然后向下施加压力并旋转铰杠（图 3-15）。当丝锥切入 2~3 圈后，检查丝锥是否垂直（图 3-16），并及时调整。

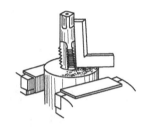

图 3-15　攻螺纹　　　　　　　　　　　　　　　图 3-16　垂直度检查

5）当丝锥切入 3~4 圈后，停止对丝锥施加压力，只需旋转铰杠。攻螺纹过程中，每旋转 1/2~1 圈，需要回转断屑，以避免丝锥因卡滞而折断。

6）螺纹攻制后及时清理铁屑并检查。

实践提示：

◇ 起攻完成后，可用刀口形直角尺检查丝锥是否垂直。

◇ 转动铰杠时，两手用力需要均衡，防止因用力不均而导致丝锥折断。

◇ 攻螺纹过程必须保证校准部分通过螺纹孔的孔底面。

5. 麻花钻的刃磨

麻花钻的刃磨分手工刃磨和机器刃磨，一般情况下采用手工刃磨。刃磨麻花钻是钳工的必备技能之一。

（1）标准麻花钻的刃磨要求（图 3-17）

1）顶角 2φ 为 $118°±2°$。

2）外缘处的后角为 $10°~14°$。

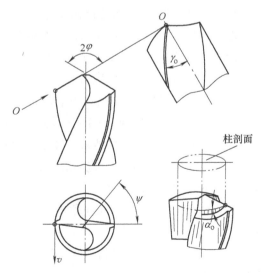

图 3-17　标准麻花钻刃磨角度

3）横刃斜角 ψ 为 50°~55°。

4）两主切削刃要等长，相对钻头轴心线应左右对称。

5）两后刀面要刃磨光滑。

（2）标准麻花钻刃磨方法

1）钻头握持。右手握住钻头的头部，左手握住柄部。

2）钻头与砂轮的相对位置。钻头轴心线与砂轮圆柱母线在水平面内的夹角等于钻头顶角 2φ 的一半，被刃磨部分的主切削刃处于水平位置（图3-18）。

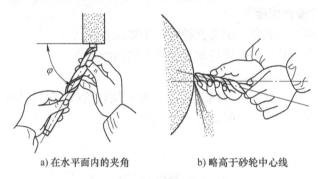

a) 在水平面内的夹角　　　b) 略高于砂轮中心线

图 3-18　钻头刃磨时与砂轮的相对位置

3）刃磨动作。将主切削刃在略高于砂轮水平中心平面处先接触砂轮，右手缓慢地使钻头绕其轴线由下向上转动，同时施加适当的刃磨压力，左手配合右手做缓慢的同步下压运动，刃磨压力逐渐加大，以便磨出后角。下压的速度及其幅度随要求的后角的大小而变。为保证钻芯处磨出较大的后角，还应做适当的右移运动。刃磨时，两手动作的配合要协调、自然，按此不断反复。两个后刀面经常轮换，直到达到刃磨要求。

4）钻头冷却。钻头刃磨时的压力不应过大，而且需要经常蘸水冷却，以防止因过热退火而降低钻头的硬度。

5）砂轮的选择。一般选择粒度为 F46~F80、硬度为中软级的氧化铝砂轮。砂轮旋转必须平稳，对跳动量较大的砂轮必须进行修整。

（3）刃磨检验　钻头刃磨质量的好坏，对钻削质量、生产效率及钻头的寿命都有很大的影响。因此，钻头刃磨结束后必须进行检验。检验方法如下：

1）目测法。目测法是钻头刃磨时最常用的方法。目测时，把钻头切削部分向上竖立，两眼平视，由于两主切削刃一前一后会产生视觉差，往往感到左刃高而右刃低，所以要旋转180°后反复观察多次，如果结果一样就说明对称了。对于钻头外缘处的后角要求，可对外缘处靠近刃口部分的后刀面的倾斜情况进行直接目测。对于近钻芯处的后角要求，可通过控制横刃斜角的合理数值来保证。

2）样板法。对钻头的几何角度及两主切削刃的对称等的检验，可利用角度样板进行，如图3-19所示。

3）试钻法。试钻法是将刃磨后的钻头安装在钻床上，通过在废料上进行试钻孔的方法来检验刃磨的质量。

（4）标准麻花钻的修磨　为适应钻削各种不同的材料和达到不同的钻削要求，通常对钻头切削部分进行适当的修磨，并通过修磨改进标准麻花钻结构上的缺点，改善其切削性能。

1）修磨横刃。标准麻花钻的横刃较长，横刃处的前角存在很大负值。钻孔时，横刃处的切削为挤刮状态，轴向抗力较大，同时若横刃太长则定心不稳，钻头易发生抖动。所以，对于直径为 6mm 以上的钻头必须修短横刃，并适当增大近横刃处的前角。修磨时，将横刃的长度磨短至原长度的 1/5～1/3，并形成内刃，内刃斜角为 20°～30°，内刃前角为 -15°～0°，如图 3-20a 所示。

2）修磨前刀面。适当修磨主切削刃和副切削刃交角处的前刀面，可以减小此处的前角，以提高刀齿的强度，特别是在钻黄铜时可以避免"扎刀"现象，如图 3-20b 所示。

3）修磨棱边。在靠近主切削刃的一段棱边上，磨出 6°～8° 的副后角，保留棱边的宽度为原来的 1/3～1/2，以减少棱边对孔壁的摩擦，提高钻头的使用寿命，如图 3-20c 所示。

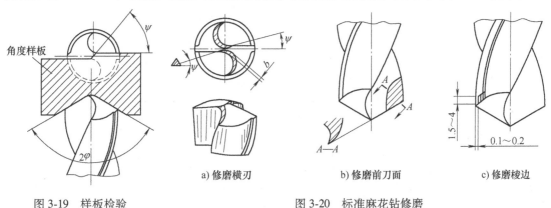

图 3-19　样板检验

a) 修磨横刃　　　b) 修磨前刀面　　　c) 修磨棱边

图 3-20　标准麻花钻修磨

三、工作计划

1. 操作要点及步骤

1）按照图样要求进行划线，划线结束后对线条进行检验。

2）打样冲眼时，定位要清晰准确。

3）预钻孔和扩孔时，选择合适的钻头和转速，调整好钻头与待加工孔的位置。

4）倒角时的转速尽量低一点，加工位置调整好再起动钻床，以防止加工过程中产生振动。

5）铰孔前，铰刀和工件待加工表面涂抹润滑油。加工过程中，注意铰刀不能回转。

6）攻螺纹前，丝锥和工件待加工表面涂抹润滑油。加工过程中，注意多回转断屑，以防止丝锥折断。

7）加工结束后清理工件，并按图样要求进行检查。

2. 工作计划表

根据任务要求，完成工作计划的制订。工作计划表见表 3-2。

表 3-2　工作计划表　　　　　　　　　　计划用时：_____ h

序号	工作内容	工量具	切削参数
1			
2			
3			
4			
5			
6			
7			
8			
9			
10			

四、计划执行

1）划线前，需要将工件和划线工量具擦拭干净。注意高度划线尺的校零，避免产生误差。划线过程中，高度划线尺的硬质划线头不能发生撞击，以防止崩裂。

2）打样冲眼时，注意调整位置，定位准确后一次敲击成形。

3）钻孔前，检查钻床的工作状态和转速，工件和钻头需要夹持牢靠，钻床工作台和平口钳底面需要擦拭干净。

4）操作钻床时，不准戴手套，袖口必须扎紧。操作者必须戴好安全眼镜和工作帽，将头发罩在工作帽内。

5）钻床起动前，需要检查钻夹头钥匙或斜铁是否还插在主轴上。

6）清除铁屑需借助毛刷和铁钩，禁止使用手、棉纱或用嘴吹。

7）严禁在开机状态下拆卸工件、钻头及变换台钻转速。

8）手动铰削时，用力要平稳，铰削用量选择要合理。

9）螺纹起攻时，要注意校正垂直度，攻螺纹后需清理工件，避免影响测量。

五、自我检查

请填写评分表（表3-3~表3-6）。

表3-3　检测评分表　　　评分等级：10分或0分

序号	检测项目	极限偏差/mm	学生自测		老师评测		得分
			实际尺寸	是否符合要求	实际尺寸	是否符合要求	
1	M10	螺纹规检测					
2	ϕ10H7	通止规检测					
3	孔距25mm	±0.1					
4	孔边距25mm（光孔）	±0.1					
5	孔边距25mm（螺纹孔）	±0.1					
	成绩						K1

表3-4　目测评分表　　　评分等级：10分至0分

序号	目测评分	目测得分
1	孔壁表面粗糙度 Ra1.6μm、Ra12.5μm	
2	孔口倒角	
	成绩	K2

表3-5　尺寸评分表　　　评分等级：10分或0分

序号	检测项目	极限偏差/mm	实际尺寸值	精尺寸	粗尺寸
1	孔距25mm	±0.1			—
2	孔边距25mm（光孔）	±0.1			—
3	孔边距25mm（螺纹孔）	±0.1			—
4	M10	螺纹规检测		—	
5	ϕ10H7	通止规检测		—	
	成绩			K3	K4

表 3-6 计划执行评分表

序号	计划执行	成绩		除数	百分制成绩	比重	成绩	
1	检测评分	K1				0.3		
2	目测评分	K2				0.1		
3	精尺寸	K3				0.4		
4	粗尺寸	K4				0.2		
	总分 满分 100 分							

六、自我总结

根据任务实施过程中出现的问题进行总结，并填写表 3-7。

表 3-7 问题分析表

序号	出现的问题	问题产生的原因	解决方法

工匠精神内涵三：细节——细节就是质量

一把瑞士军刀的长度必须是 91mm，所谓"口袋工具"的最佳长度，这是经验所致。现在，一款 91mm 长、8 层的经典款瑞士军刀可收纳 22 个工具，由 64 个部分装配而成，一共需要 450 道生产工序。其中任何一个环节都没有秘密，每道工序和原材料的标准很明确，都是经过一百多年逐渐摸索出来的。每卷不锈钢片从头到尾都要接受测试，原材料从内到外非常均匀，然后钢铁成分要符合标准，如果标准出现偏差，将直接影响钢铁的坚韧度，最终影响的是刀片质量。

折叠军刀主刀片的生产步骤有 7 步，每一步完成都需进行质量检测，最终刀片的硬度必须达到 56HRC（硬度单位），不锈钢中铬、碳、钼、钒的质量分数都有明确标准。而剪刀、锯子、螺钉旋具、开瓶器及弹簧的硬度又各有不同。上述任何一个指标不达标，就无法保证工具的功能。口袋折叠军刀刀片的厚度不允许超过 0.2mm 的误差，否则刀片无法被装到把里。维氏集团 CEO 卡尔-埃尔森纳三世说过，"我们没什么秘密，我们的生产和标准都很简单，但我们专注于每一个生产细节。"正如老子所说，"天下大事，必作于细。"

任务四　单燕尾配合零件制作

【知识目标】

1）掌握圆弧面锉削加工及测量知识。

2）掌握斜面的加工及测量知识。

3）掌握錾削基本知识。

【能力目标】

1）能按照图样锉削简单的外圆弧面和斜面。

2）会使用 R 规检测外圆弧面。

3）会使用游标万能角度尺、游标卡尺、检验棒检测斜面。

4）能进行简单配合件的锉配。

【素质目标】

1）具有严谨的学习态度，良好的学习习惯。

2）培养学生爱岗敬业、追求极致的精神。

3）培养学生保持工作环境清洁有序、着装整洁规范的职业素养。

一、任务描述

图 4-1 所示为单燕尾锉配零件图，请按照图样要求，在规定的时间内完成单燕尾锉配零

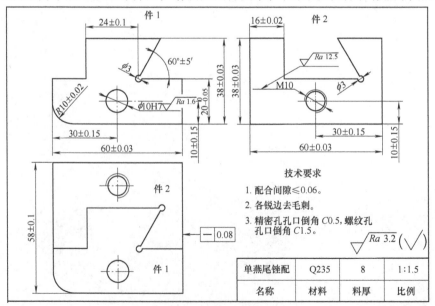

图 4-1　单燕尾锉配零件图

件的加工。

二、信息收集

1. 圆弧面加工及测量知识

（1）划规　在工件上划曲线时，需要用到划规。划规主要用来划圆、圆弧、等分线段、等分角度和量取尺寸等，如图4-2所示。

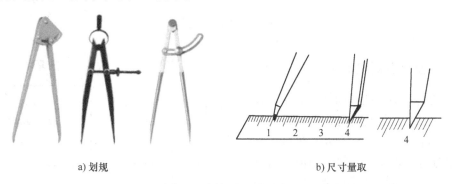

a) 划规　　　　　　　　　　　　　　　b) 尺寸量取

图4-2　划规及尺寸量取

实践提示：

◇　为了尺寸量取的准确，应将划规脚部的针尖放入钢直尺的刻度槽内。

◇　量取尺寸时，不要从零位开始（图4-2b），以避免量取不准确。

（2）圆弧检测工具　R规又称半径样板，是检测圆弧最常用的工具，可以用来测量工件的圆弧半径，如图4-3所示。

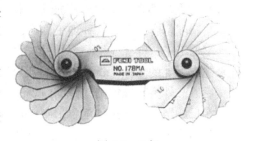

R规由多个薄片组合而成，薄片做成多个不同半径的凸圆弧和凹圆弧。测量时，选择合适的半径薄片，贴合在圆弧加工面上，通过透光法进行检测。

图4-3　R规

（3）圆弧面的锉削工具　圆弧面分内圆弧面和外圆弧面，凸起的圆弧面为外圆弧面，凹下的圆弧面为内圆弧面。根据不同的圆弧面，应选择不同断面形状和规格的锉刀。

锉削外圆弧面时，使用扁锉；锉削内圆弧面时，使用半圆锉；内圆弧面半径较小时，可使用圆锉。

（4）圆弧面锉削方法　锉削外圆弧面时，采用扁锉，先用顺锉法锉出多边形，锉到贴近所划的圆弧线。圆弧的轮廓基本锉出后，沿圆弧方向采用顺锉锉削的同时，完成前进运动并绕圆弧中心做转动，如图4-4a所示。锉至划线位置后，用波浪锉削的方式进行修整，如图4-4b所示，同时用R规进行检测。

锉削内圆弧面时，采用半圆锉，锉刀在向前锉削的过程中向左或向右移动，并绕圆弧中心做适当的转动，如图4-4c所示。锉至划线位置时，用推锉的方法进行修整，同时用R规进行检测。

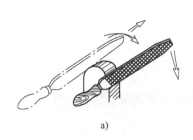

a)

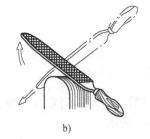

b)

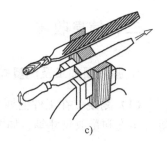

c)

图 4-4　圆弧面锉削方法

2. 斜面加工及测量知识

（1）余料去除　凸件的加工面基本都
是外表面，所以去除余料时，直接采用锯
削的方式去除，如图 4-5a 所示。凹件的加
工面有部分是内表面，去除余料时，可采
用排孔的方式去除，如图 4-5b 所示。打
排孔时，先进行划线及打样冲眼，以确定

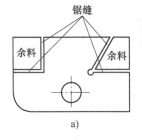

a)

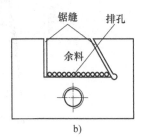

b)

图 4-5　余料去除

排孔位置。排孔时可采用 ϕ3mm 的钻头，排孔的孔间余量一般控制在 0.5mm 左右。孔间余
量太大，会导致余料敲不下来，还会影响去除余量的速度；孔间余量太小，由于划线、打样
冲眼、钻孔都存在误差，在钻排孔时会出现孔与孔相交叠的情况，导致无法加工。

（2）锉配的概念　通过锉削加工，使两个或两个以上的零件能够按照图样要求配合在一
起，其精度符合要求，这种加工称为锉配或镶配。

锉配加工中，往往先把一个零件（凸件）按照图样要求进行加工，再根据已加工好的
零件来锉配另外的零件（凹件）。由于凸件外表面容易加工和便于测量，所以一般先锉削凸
件，然后以凸件为基准锉削凹件的内表面。但有些配合件由于加工要求的原因，加工顺序也
会出现相反的情况。根据加工要求制订合适的加工工艺，是配合件制作的重要环节。

（3）锉配技巧　锉配的方法及技巧因工件的具体情况而定，一般情况下先粗锉再精锉，
先锉削凸件再锉削凹件，先锉削外表面再锉削内表面。

1）外直角面或平行面锉削。外直角面或平行面锉削时，通常是先锉削加工一个面，进
而以锉削好的面作为基准再锉削基准面的垂直面或基准面的平行面。

2）内直角面的锉削及清角。锉削内直角面和清角时，
应先修磨所使用的锉刀边，使锉刀边与锉刀工作面之间的
夹角小于 90°，如图 4-6 所示。与锉削外直角面一样，通常
是先锉削加工一个内角面，进而以这个面作为基准再锉削
另一个相邻的垂直面。清角时，应使用修磨后的锉刀或小
锉刀进行锉削。锉刀应尽量做直线运动，以便使两面交界
处成一直线。

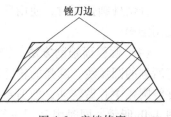

图 4-6　扁锉修磨

3）锐角锉削。在锉削锐角时，应将扁锉的侧边或三角锉的一个面修磨出小于锉削角度

的锐角，以防止在锉削的过程中刮伤已加工的另一个面，同时便于清角，如图 4-7 所示。在锉削过程中，通常先对成锐角的两个面进行粗锉，留精锉余量；在精锉时，先锉削一个面作为基准，再锉削相邻的面。基准面的选择应便于加工和检测。

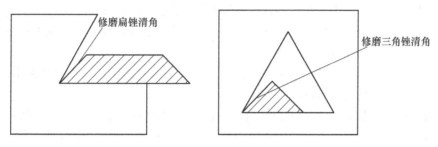

图 4-7　修磨扁锉、三角锉清角

4）对称锉削。锉削对称件时，一般先加工一侧，并且是基准的对立侧，再加工另一侧。如图 4-8 所示，可以先锯削、锉削 1 面和 2 面，保证尺寸 B 的加工精度，再锯削、锉削 3 面和 4 面，保证尺寸 A 与外形的对称度要求。

（4）燕尾槽测量方法　如图 4-9 所示，单燕尾尺寸 B 的测量，一般采用圆柱间接测量尺寸 M 来保证。测量尺寸 M 与尺寸 B、圆柱直径 d 之间的关系为

$$M = B + \frac{d}{2}\cot\frac{\alpha}{2} + \frac{d}{2}$$

式中　M——圆柱间接测量值；

　　　d——圆柱量棒的直径；

　　　α——燕尾槽角度。

当要求测量尺寸 A 时，可以按照下面公式进行换算

$$A = B + C\cot\alpha$$

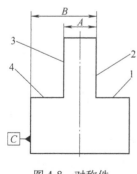

图 4-8　对称件

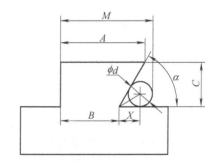

图 4-9　燕尾槽尺寸测量

（5）间隙控制　锉削过程中，要严格按照图样要求控制工件的尺寸和几何要求。要做到多观察、勤测量，一个尺寸需要多测几个点，使每个地方的尺寸都能符合图样要求。

锉配过程中，要及时清角，不能因为凸件进不去就扩大凹槽的尺寸，从而导致间隙偏大。在锉配过程中，需要控制好工件的对称度和垂直度。对称度不好将导致相关尺寸不一致，工件不能互换；垂直度超差，则工件配合间隙不均匀，出现喇叭口。在工件锉配过程中，需经常检查对称度和垂直度，做到整体检查，局部修整。

3. 錾削知识

用手锤锤击錾子对金属工件进行切削加工的方法称为錾削（又称凿削）。

目前，錾削工作主要用于难以进行机械加工的场合，如去除毛坯上的凸缘、毛刺，分割材料，錾削平面及沟槽等。錾削虽然是手工操作，但在现代生产中也是一项不可或缺的基本操作，需要操作者具备较高的技艺。

錾削时所用的工具主要是錾子和手锤。通过錾削工作的锻炼，可以提高锤击的准确性，为装拆机械设备打下扎实的基础。

（1）錾子的种类及应用 錾子由头部、切削部分及錾身三部分组成。头部有一定的锥度，顶端略带球形，以便锤击时作用力通过錾子的中心线，使錾子能够保持平稳。錾身多呈八棱形，以防止錾削时錾子转动。常用錾子的种类有三种，如图 4-10 所示。

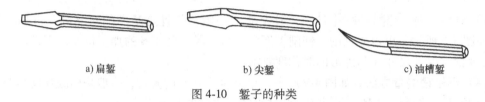

a) 扁錾   b) 尖錾   c) 油槽錾

图 4-10 錾子的种类

1）扁錾。图 4-10a 所示为扁錾，其切削部分扁平，刃口略带弧度。扁錾主要用来錾削平面、去毛刺和分割板料等。扁錾的应用实例如图 4-11 所示。

a) 錾切板料   b) 錾断条料   c) 錾削窄平面

图 4-11 扁錾的应用

2）尖錾。图 4-10b 所示为尖錾，其切削刃比较短。尖錾切削部分的两个侧面从切削刃起向柄部逐渐变小。其作用是避免在錾削沟槽时錾子的两侧面被卡住，以致增加錾削阻力和加剧錾子侧面的磨损。尖錾的斜面有较大的角度，是为了保证切削部分具有足够的强度。尖錾主要用来錾槽和分割曲线形板料，其应用实例如图 4-12 所示。

3）油槽錾。图 4-10c 所示为油槽錾，其切削刃很短，并呈圆弧形，主要用来錾削油槽。为了能在开放式的滑动轴承孔壁上錾削油槽，油槽錾的切削部分做成弯曲形状。油槽錾的应用如图 4-13 所示。

（2）錾子的切削原理 錾子一般用碳素工具钢（T7A 或 T8A）锻造而成，切削部分被刃磨成楔形，距离切削部分约 20mm 长的一端，经热处理后硬度达到 56~62HRC。

图 4-14 所示为錾削平面时的情况。錾子的切削部分由前刀面、后刀面以及它们的交线

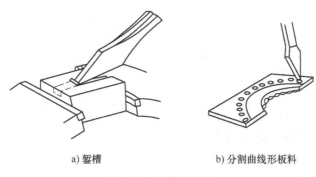

a) 錾槽　　　　　　　　b) 分割曲线形板料

图 4-12　尖錾的应用

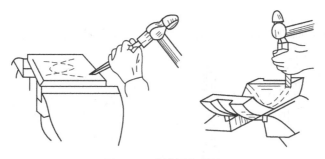

图 4-13　油槽錾的应用

形成的切削刃组成。

錾削时形成的切削角度有：

1）楔角 β_0。錾子前刀面与后刀面之间的夹角称为楔角。楔角的大小对錾削有直接影响，一般楔角越小，錾削越省力。但楔角过小，会造成刃口薄弱，容易崩损；而楔角过大时，錾削费力，錾削表面也不易平整。通常根据工件材料软硬程度选取不同的楔角：錾削硬钢或铸铁等硬材料时，楔角取 $60°\sim70°$；錾削一般钢料和中等硬度材料时，楔角取 $50°\sim60°$；錾削铜或铝等软材料时，楔角取 $30°\sim50°$。

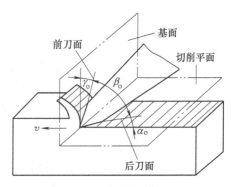

图 4-14　錾削切削角度

2）后角 α_0。錾削时，錾子后刀面与切削平面之间的夹角称为后角。它的大小是由錾子被手握的位置决定的。后角的作用是减少后刀面与切削表面之间的摩擦，并使錾子容易切入材料。后角一般取 $5°\sim8°$，太大会使錾削时切入过深，甚至会损坏錾子的切削部分；但也不能太小，否则容易滑出工件表面而不能顺利切入。

3）前角 γ_0。錾子前刀面与基面之间的夹角称为前角。其作用是减少錾削时的变形，使切削省力。前角越大，切削越省力。由于基面垂直于切削平面，存在 $\beta_0 + \alpha_0 + \gamma_0 = 90°$ 的关系，当后角 α_0 一定时，前角 γ_0 的数值由楔角 β_0 的大小决定。

（3）手锤　手锤也称榔头，是钳工常用的敲击工具，由锤头、木柄和楔子组成，如图 4-15 所示。手锤一般分硬头手锤和软头手锤两种。软头手锤的锤头一般由铅、铜、硬木、牛皮或橡胶制成，多用于装配工作。

鏨削用的手锤是硬头手锤，锤头用碳素工具钢或合金工具钢锻成。锤头两端经淬火处理。硬头手锤的规格用锤头的质量大小来表示，有 0.25kg、0.5kg 和 1kg 等多种。锤头的形状有圆头和方头两种。木柄选用硬而不脆的木材制成，如檀木等。常用的柄长为 350mm。手握处的断面应为椭圆形，以便锤头定向，敲击准确。木柄安装在锤头中，必须稳固可靠，装木柄的孔应做成椭圆形，且两端大、中间小。木柄敲紧在孔中后，端部再打入带倒刺的铁楔子，以防止锤头松动脱落而造成事故。

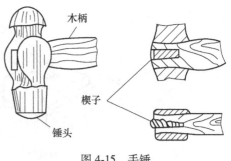

图 4-15 手锤

（4）鏨削方法

1）鏨子的握法。如图 4-16 所示，鏨子的握法分为立握法、正握法、反握法和斜握法。

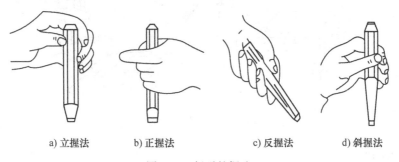

a) 立握法　　　　b) 正握法　　　　c) 反握法　　　　d) 斜握法

图 4-16　鏨子的握法

立握法：虎口向上，大拇指和食指自然合拢，其余三指自然地握住鏨子柄部，头部露出 10～15mm。这种方法主要用来鏨切板料和去除毛刺等。

正握法：大拇指和食指夹住鏨子，其余三指向手心弯曲握住鏨子，不能太用力，应自然放松，鏨子头部露出 10～15mm。这种方法主要用来鏨削平面及鏨切夹在台虎钳上的工件，是钳工最常用的握鏨方法。

反握法：手心向上，手指自然握住鏨身，手心悬空，头部露出 10～15mm。这种方法主要用于鏨削量少和侧面鏨削的场合。

斜握法：鏨子斜握，鏨刃倾向身体的方向，手掌松握，大拇指在上，其余手指握住鏨子下方，同时下压鏨身，头部露出约 10mm。这种方法主要用来精鏨小工件、刻钢字及雕刻图形等。

2）挥锤方法。如图 4-17 所示，手锤的挥击方法分为腕挥、肘挥、臂挥和拢挥四种。

腕挥：运动部位在腕部，锤击过程中手握锤柄，拇指放在食指上，食指和其余手指握紧手柄。腕挥用于鏨削开始和结束时及鏨削油槽和小工件，鏨削力较小。一般鏨削量为：钢件 0.5～0.75mm；铸铁件 1～1.5mm。

肘挥：肘挥的握锤方法与腕挥相同，手腕和肘部一起运动发力。这种方法锤击力大，应用广泛。一般鏨削量为：钢件 1～2mm；铸铁件 2～3mm。

臂挥：臂挥的握锤方法与腕挥相同，挥锤时，手腕、肘部和臂部一起挥动，手锤与鏨子头部距离大，挥动力大，易于疲劳。这种方法要求技术熟练、准确，锤击力大，应用较少。

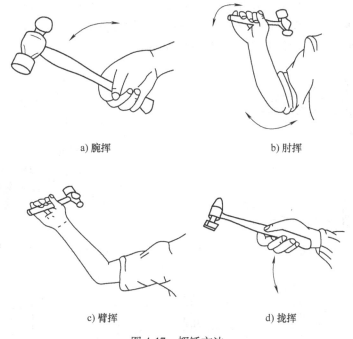

a) 腕挥　　　　　　　　　　b) 肘挥

c) 臂挥　　　　　　　　　　d) 拢挥

图 4-17　挥锤方法

一般錾削量为：钢件 2~3mm；铸铁件 3~5mm。

拢挥：握锤时，手掌向里翻，五指握木柄，手心斜向自身方向锤击。这种方法锤击力较小，用于錾削或敲击较精细的工件，如铜字、金属雕刻、模具中的修整工作。这种方法的錾削量较少，一般钢件小于 0.5mm，铸铁件小于 1mm。

3）板料錾断。在缺乏机械设备的场合下，有时要依靠錾子来切断板料或分割出形状较复杂的薄板工件。錾断板料常用的方法如下：

①工件夹在台虎钳上錾切。在錾切厚度为 2mm 以下的薄板料时，工件要夹持牢固，以防松动。錾切时，板料要按划线与钳口平齐，用扁錾沿着钳口并斜对着板料进行錾切，如图 4-18 所示。由于錾子斜对着板料，扁錾只有部分刃口錾切，因此阻力小，容易分割，切面也比较平整。錾切时，錾子不能正对着板料，否则会出现裂缝，如图 4-19 所示。

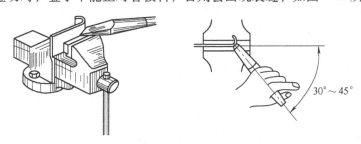

$30° \sim 45°$

图 4-18　在台虎钳上錾切薄板

②在铁砧或平板上进行錾切。尺寸较大的板料，在台虎钳上不能夹持时，应放在铁砧上錾切，如图 4-20 所示。切断用的錾子，其切削刃应磨有适当的弧度，錾子切削刃的宽度应

视需要而定。当錾切直线段时，扁錾切削刃宽度可宽些；当錾切曲线段时，刃宽应根据曲线的曲率半径大小确定，使錾痕能与曲线基本一致。錾切时应由前向后錾，錾子要斜放，似剪切状，然后逐步放垂直，依次錾切，如图 4-21 所示。

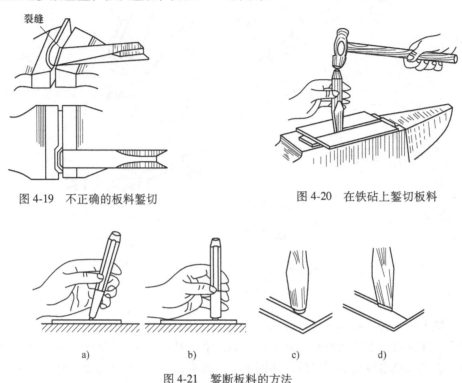

图 4-19 不正确的板料錾切   图 4-20 在铁砧上錾切板料

a)   b)   c)   d)

图 4-21 錾断板料的方法

錾切厚度为 4mm 以上的板料时，若零件轮廓形状简单，可以在板料的正反两面先錾出凹痕，然后再敲断。

③用密集钻孔配合錾子錾切。在薄板上錾切形状较复杂的毛坯时，可先在零件轮廓外用 $\phi 3 \sim \phi 5$mm 的钻头分别以 $3.2 \sim 5.2$mm 的中心距钻出密集的小孔，如图 4-5b 所示，再用錾子逐步錾切。錾切时，应两面分别錾切，然后敲断。

(5) 錾削安全 为了保证錾削工作的顺利进行，操作时要注意以下安全事项：

1）錾子要经常刃磨，以保持锋利。过钝的錾子不但錾削费力、錾出的表面不平整，而且易打滑伤人。

2）錾子头部有明显的毛刺时，要及时磨掉，以免伤手。

3）发现手锤木柄有松动或损坏时，要立即装牢或更换，以免锤头脱落飞出而伤人。

4）錾子头部、手锤头部和手锤木柄都不应沾油，以防滑出伤人。

5）錾削碎屑要防止伤人，操作者需佩戴防护眼镜。

6）握锤的手不准戴手套，以免手锤飞脱而伤人。

7）工作前，应检查工作场所有无不安全因素，如有要及时排除。

8）錾削将近终止时，锤击要轻，以免用力过猛而碰伤手。

9）錾削疲劳时要适当休息，手臂过度疲劳时容易击偏而伤人。

三、工作计划

1. 操作要点及步骤

1）锯削下料，并留足锉削余量。

2）粗、精锉外形的一直角面，并以其作为划线基准。

3）按照图样进行凸、凹件划线及打样冲眼，并检查所划线条。

4）锯削分料，分别加工凸、凹件外形，保证尺寸和几何公差。

5）加工凸件：

①钻削 $\phi3mm$ 工艺孔和 $\phi10H7$ 的底孔，加工时注意控制孔边距。

②锯削去除直角边余料，并按照图样要求进行锉削加工。

③锯削燕尾部分余料，并按照图样要求进行锉削加工。

④手动铰削 $\phi10H7$ 的精密孔。

⑤凸件整体检查，去毛刺。

6）加工凹件：

①钻削 $\phi3mm$ 工艺孔、排孔和 M10 螺纹底孔，加工时注意控制孔边距。

②锯削余料的两侧面，并用扳手将余料去除。

③按照划线粗锉凹件槽，留精修余量。

④按照图样和凸件进行凹件的修配，控制配合间隙。

⑤手动攻 M10 螺纹孔。

⑥凹件去毛刺。

2. 工作计划表

根据任务要求，完成工作计划的制订。工作计划表见表 4-1。

表 4-1 工作计划表 　　　　　计划用时：_____ h

序号	工作内容	工量具	切削参数
1			
2			
3			
4			

（续）

序号	工作内容	工量具	切削参数
5			
6			
7			
8			
9			
10			
11			
12			
13			

四、计划执行

1）在工件上划斜线时要准确，避免在锯、锉过程中导致工件报废。

2）在锉削加工中，由于加工面比较小，容易锉塌平面，所以需要多测量，应注意控制加工面的平面度和垂直度。

3）因采用间接测量来达到尺寸要求，故必须进行正确的换算和测量，以得到所要求的尺寸精度和与尺寸相关的几何精度。

4）操作钻床时，必须严格按照钻床操作规程进行操作。

5）凸件加工完成后，在锉配过程中，不允许再锉削凸件，只能通过修整凹件来进行配合。

五、自我检查

请填写评分表（表4-2~表4-5）。

表4-2　检测评分表　　　　评分等级：10分或0分

序号	检测项目	极限偏差/mm	学生自测		老师评测		得分
			实际尺寸	是否符合要求	实际尺寸	是否符合要求	
1	凸件 38mm	±0.03					
2	凸件 20mm	0/-0.05					
3	凸件 60mm	±0.03					
4	凸件 24mm（间接）	±0.1					
5	凸件 60°	±5′					
6	凸件孔边距 10mm	±0.15					
7	凸件孔边距 30mm	±0.15					
8	凸件 ϕ10H7	通止规					
9	凹件 38mm	±0.03					
10	凹件 60mm	±0.03					
11	凹件 16mm	±0.02					
12	凹件孔边距 10mm	±0.15					
13	凹件孔边距 30mm	±0.15					
14	凹件 M10	螺纹通止规					
15	配合尺寸 58mm	±0.1					
16	直线度	公差 0.08					
17	配合间隙（5处）	0.06/0					
成绩							K1

表4-3　目测评分表　　　　评分等级：10分至0分

序号	目测评分	目测得分
1	孔壁表面粗糙度 Ra1.6μm、Ra12.5μm	
2	锉削表面粗糙度 Ra3.2μm	
3	孔口倒角	
成绩		K2

表 4-4 尺寸评分表 评分等级：10 分或 0 分

序号	检测项目	极限偏差/mm	实际尺寸值	精尺寸	粗尺寸
1	凸件 38mm	±0.03			—
2	凸件 20mm	0/−0.05			—
3	凸件 60mm	±0.03			—
4	凸件 24mm（间接）	±0.1		—	
5	凸件 60°	±5′			—
6	凸件孔边距 10mm	±0.15		—	
7	凸件孔边距 30mm	±0.15		—	
8	凸件 ϕ10H7	通止规			
9	凹件 38mm	±0.03			—
10	凹件 60mm	±0.03			—
11	凹件 16mm	±0.02			—
12	凹件孔边距 10mm	±0.15		—	
13	凹件孔边距 30mm	±0.15		—	
14	凹件 M10	螺纹通止规			
15	配合尺寸 58mm	±0.1		—	
16	直线度	公差 0.08			—
17	配合间隙（5 处）	0.06/0			—
成绩				K3	K4

表 4-5 计划执行评分表

序号	计划执行	成绩		除数	百分制成绩	权重	成绩
1	检测评分	K1				0.3	
2	目测评分	K2				0.1	
3	精尺寸	K3				0.4	
4	粗尺寸	K4				0.2	
总分 满分 100 分							

六、自我总结

根据任务实施过程中出现的问题进行总结，并填写表 4-6。

表4-6　问题分析表

序号	出现的问题	问题产生的原因	解决方法

工匠精神内涵四：极致——世界一流清洁大师新津春子

　　她是被称为"清洁女王"的日本清洁工新津春子。2016年，由她所负责清扫的东京羽田机场连续四年被评选为"世界最干净机场"，而她也因此爆红全球。她推出自己的中文版新书《不烦不累扫一屋》，以简单易懂的操作实录和轻松幽默的手绘漫画，向崇尚快节奏生活的现代人分享她丰富细腻的清洁知识和满腔热血的匠人情怀，开启家庭清扫的新时代。

　　许多人觉得，清扫工作是个又脏又累、不大体面的活儿。但是对新津春子来说，这却是一份值得用心磨砺的事业。在入行的最初10年，为了多挣钱和考取这一领域的专业资格证书，她曾每天工作十多个小时，而且全年无休，也因此积累了全方位的清扫知识。1997年，她在日本全国"清扫技能锦标赛"中获得第一名，成为该竞赛历史上最年轻的冠军，至此，她也从一名普通的清扫员走上了国宝级"匠人"的道路。"要么不做，要做就做到最好"，这是新津春子的人生信条。只要用心去做、肯拼搏，就可以在任何一个看似平凡的领域做出不平凡的业绩，活出生命的厚重和精彩。

　　提到家居清扫，很多人只知道除尘、清洗，却经常因操作不当而陷入误区。例如，灰尘沉积在插座中，很有可能导致火灾；持续高湿度状态下，"湿气"会结霜，与灰尘结合在一起则会变成难以清除的团状污垢；封闭的空间内气味无法排放等。工作23年，新津春子可以对80多种清洁剂的使用方法倒背如流，也能够快速分析污渍产生的原因和组成成分。无论是厨房、浴室、阳台等难以清扫的场所，还是水垢、霉菌、油渍、异味等让人头疼的问题，新津春子都有其独家秘籍。

任务五 正五边形镶配零件制作

【知识目标】

1）掌握正五边形划线知识。

2）掌握正五边形测量知识。

【能力目标】

1）能在工件上按照图样绘制正五边形。

2）会去除封闭结构零件内的余料。

3）会使用游标万能角度尺、游标卡尺测量正五边形尺寸。

4）能进行镶嵌配合件的锉配。

【素质目标】

1）具有严谨的学习态度，良好的学习习惯。

2）培养学生主动思考、勇于创新的意识。

3）培养学生保持工作环境清洁有序、着装整洁规范的职业素养。

一、任务描述

图 5-1 所示为正五边形镶配零件图，请按照图样要求，在规定的时间内完成正五边形镶

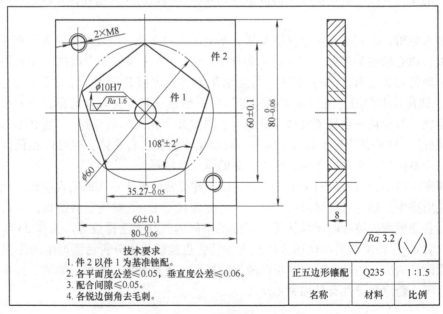

技术要求

1. 件2以件1为基准锉配。
2. 各平面度公差≤0.05，垂直度公差≤0.06。
3. 配合间隙≤0.05。
4. 各锐边倒角去毛刺。

正五边形镶配	Q235	1:1.5
名称	材料	比例

图 5-1　正五边形镶配零件

配零件的加工。

二、信息收集

1. 圆内接正五边形画法

选工件的一个直角边作为锉削基准面，用高度尺在工件中心位置划两条垂直相交的中心线，以交点为中心用划规划圆。如图 5-2a 所示，以 a 点为圆心、圆 O 的半径为半径划圆弧，与圆 O 相交于 e、f 点；连接直线 ef，与直线 ca 交于 p 点（图 5-2 b）；以 p 点为圆心、pb 长为半径划圆弧，与直线 ca 交于 s 点（图 5-2 c）；以 b 点为圆心、sb 长为半径划圆弧，与圆 O 交于 1、2 两点（图 5-2d）；以 1、2 两点为圆心、sb 长为半径划圆弧，分别与圆 O 交于 3、4 两点（图 5-2e）；依次连接 b、1、3、4、2 五个点，所得图形即为正五边形。

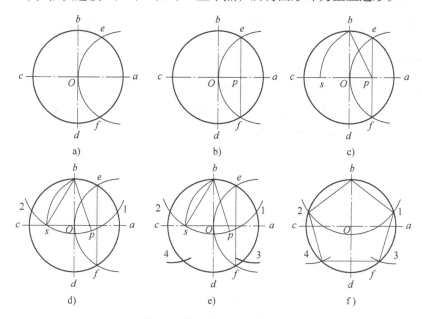

图 5-2　圆内接正五边形画法

2. 封闭结构零件余料去除方法

对于去除余料的方法，之前在单燕尾配合零件的制作任务中做过介绍。所学的去除余料的方法是排孔法去除余料，该方法适合于半封闭零件的余料去除。对于封闭结构的零件，采用排孔法将会使余料的去除变得困难，如图 5-3a 所示。

对于封闭结构的零件，在去除余料时，采用锯削的方法较为合适，它不仅能够减少锉削的余量，而且在去除的过程中工件不会因外力的作用而变形。采用锯削的方法去除余料前，要准备一根合适的窄锯条。可以先选一根普通的锯条，在砂轮机上将其宽度磨窄。修磨时要注意砂轮安全操作规程，防止砂轮伤人。

锯削正五边形镶配零件内部余料时，首先在五边形余料的三个角上加工 $\phi10\text{mm}$ 左右的孔，

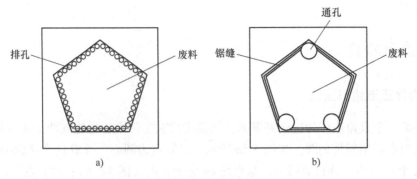

图 5-3 封闭结构零件去除余料

如图 5-3b 所示，再将修磨好的窄锯条（图 5-4）从孔内穿过并安装到锯弓上，然后沿着所划的线将五边形的余料从工件上锯削下来。

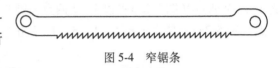

图 5-4 窄锯条

3. 正五边形零件测量方法

为了确保加工的正五边形能够达到图样要求，加工中的测量至关重要。在加工中，须保证正五边形的各边长尺寸 $35.27_{-0.05}^{0}$ mm 和角度 $108°$。边长尺寸需通过测量尺寸 C（图 5-5a）的方法间接获得，尺寸 C 的计算公式为

$$C = \frac{d}{2}\sin 54° - B$$

式中　C——间接测量值；
　　　d——正五边形外接圆的直径；
　　　B——精密孔半径。

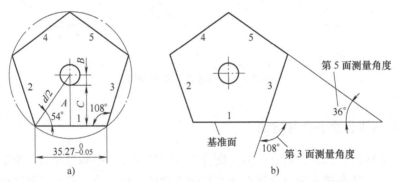

图 5-5 正五边形测量

在使用游标万能角度尺对正五边形的角度进行检测时，要求合理利用游标万能角度尺的各个组成部分，尽量使用同一基准进行测量，避免在加工和测量的过程中由于基准不统一而造成的累积误差。在加工和测量过程中，尽量改变测量的角度，而不是更换测量基准，以免出现更多的问题。为了保证正五边形角度测量的准确，可以采用如图 5-5b 所示的方法进行测量。首先以 1 面为基准，调整角度 $108°$ 测量 2 面、3 面；再以 1 面为基准，调整角度 $36°$

测量 4 面、5 面。

4. 锉配技巧

1）为了保证锉削加工的内、外正五边形能够进行转位互换，达到图样要求，关键在于外五边形的加工。外五边形在锉削加工时，不仅要求五条边长相等，而且各边长尺寸和角度误差也要控制在最小的范围以内。

2）锉配内、外五边形时，都是首先加工一个面，再以该面为基准锉削其余四个面。在内五边形的加工过程中，由于测量不太方便，可以以外五边形为基准，作整体修锉配入。

3）内五边形的五个角没有工艺孔，在锉削加工五个角时，可使用刀口锉或将扁锉在砂轮上修磨出刀口状，按照划线仔细锉直并清角，以防间隙超差。

4）在内五边形的锉配的过程中，应保持锉刀的直线运动，以免锉伤相邻的已加工面。在修配过程中，当某一面的间隙增大时，可以适当修正相邻的两面，以减小该面的间隙。但采用该方法时需要格外小心，要同时考虑整体尺寸，不可鲁莽动手。

三、工作计划

1. 操作要点及步骤

1）加工外五边形（件 1）：

①检查毛坯尺寸，毛坯尺寸必须大于 60mm×60mm，否则会影响正五边形划线。锉削两基准面，用作划线基准。

②正五边形划线。线与线的交点在打样冲眼时要准确，连线要清晰，划线结束需要进行检验。

③钻、铰加工 φ10H7 精密孔。

④锯、锉加工第一个面，由于第一个面是基准，所以尺寸和几何公差要严格把控。

⑤以第一个已加工面为基准，锯、锉其余四面，注意保证尺寸精度。

⑥外五边形整体检查，去毛刺。

2）加工内五边形（件 2）：

①检查毛坯尺寸，锯、锉加工 80mm×80mm 的外形面，控制尺寸精度和几何公差。

②正五边形划线及打样冲眼。

③钻削三个锯割工艺孔，孔径大小需保证窄锯条能够穿过。同时钻削 M8 螺纹底孔。

④锯割内五边形余料，锯割时须留足够的锉削余量，防止因划线误差大而导致工件直接锯废。

⑤粗、精锉与外形面平行的第一个面。

⑥以第一个已加工面为基准，粗、精锉其余四面。锉削过程中，需与外五边形进行试配，以防尺寸锉大而无法弥补。

⑦手动攻 M8 螺纹孔。

⑧正五边形镶配件整体检查，去毛刺。

2. 工作计划表

根据任务要求，完成工作计划的制订。工作计划表见表5-1。

表5-1　工作计划表　　　　　　　　　　　　　　计划用时：_____ h

序号	工作内容	工量具	切削参数
1			
2			
3			
4			
5			
6			
7			
8			
9			
10			
11			
12			
13			
14			
15			

四、计划执行

1）正五边形划线时方法要正确，尽量减少划线误差，否则在加工时容易导致工件报废。

2）外五边形锯、锉加工前，须先加工出 ϕ10H7 精密孔，否则影响加工时的测量。

3）操作钻床时，必须严格依照钻床操作规程。

4）使用游标万能角度尺测量时，测量角度要定取准确，制动螺母必须拧紧，量具要轻拿轻放，避免测量角度发生变动，并要经常校对测量角度的准确性。测量时，要把工件的锐边去毛刺倒钝，保证测量的准确性。

5）为了保证配合体能够推进推出、滑动自如，锉削加工时要保证各加工面与端面的垂直度误差在公差范围内。

6）为了达到转位互换配合精度，外五边形各项目的加工误差要尽量控制在最小误差范围内。

7）在内五边形清角时，锉刀推出要慢而平稳，防止锉削时损伤已加工面或把角锉成圆弧角。

8）在锉配加工中，应着眼于锉削基本功的训练，正确的锉削姿势和动作有利于尺寸精度和几何公差的控制。

五、自我检查

请填写评分表（表5-2~表5-5）。

表5-2　检测评分表　　　　　　评分等级：10分或0分

序号	检测项目	极限偏差/mm	学生自测		老师评测		得分
			实际尺寸	是否符合要求	实际尺寸	是否符合要求	
1	凸件 φ10H7	通止规					
2	凸件108°（5处）	±2′					
3	凸件35.27mm（5处）	0/−0.05					
4	凹件80mm（2处）	0/−0.06					
5	凹件60mm（2处）	±0.1					
6	M8（2处）	螺纹规检测					
7	平面度（14处）	公差0.05					
8	垂直度（14处）	公差0.06					
9	配合间隙（5处）	0.06/0					
	成绩						K1

表5-3　目测评分表　　　　　　评分等级：10分至0分

序号	目测评分	目测得分
1	孔壁表面粗糙度 $Ra1.6\mu m$、$Ra12.5\mu m$	
2	锉削表面粗糙度 $Ra3.2\mu m$	
3	孔口倒角	
	成绩	K2

表5-4　尺寸评分表　　　　　　评分等级：10分或0分

序号	检测项目	极限偏差/mm	实际尺寸值	精尺寸	粗尺寸
1	凸件 φ10H7	通止规			—
2	凸件108°（5处）	±2′			—
3	凸件35.27mm（5处）	0/−0.05			
4	凹件80mm（2处）	0/−0.06			
5	凹件60mm（2处）	±0.1			—
6	M8（2处）	螺纹规检测			

（续）

序号	检测项目	极限偏差/mm	实际尺寸值	精尺寸	粗尺寸
7	平面度（14处）	公差0.05			—
8	垂直度（14处）	公差0.06			—
9	配合间隙（5处）	0.06/0			—
		成绩		K3	K4

表5-5 计划执行评分表

序号	计划执行	成绩	除数	百分制成绩	权重	成绩
1	检测评分	K1			0.3	
2	目测评分	K2			0.1	
3	精尺寸	K3			0.4	
4	粗尺寸	K4			0.2	
	总分 满分100分					

六、自我总结

根据任务实施过程中出现的问题进行总结，并填写表5-6。

表5-6 问题分析表

序号	出现的问题	问题产生的原因	解决方法

工匠精神内涵五：创新——一名中专毕业生如何成为国企技术骨干

2018 年 4 月，中车戚墅堰机车车辆工艺研究所有限公司首席技师刘云清荣获全国五一劳动奖章。他被称作"设备名医"，能诊治数控设备的各种"疑难杂症"；也被叫作"技改大王"，自主设计的数控珩磨机达到国际领先水平。

刘云清 1996 年中专毕业成为一名普通的机床维修工，历时 21 年成长为智能装备的领军研发人员，获得了数十项科研成果、两项发明专利以及首届"中国质量工匠"称号。

在外人看来，维修是个苦差事；刘云清却认为，维修有着广阔的个人舞台。2013 年，作为关键工序设备的进口数控珩磨机故障频繁，精度波动大，而客户订单越来越大，每年有上百万件，而且订单还在不断增多。数控珩磨机已成为制约产能的主要因素。

经过大半年时间的奋战，经过数千次反复试验，刘云清成功研制出新型龙门式全浮动数控珩磨机，其磨削精度可细到头发丝的 1/30~1/20，各项性能远超国外同类设备，且制造成本仅为进口设备的 1/4，填补了国内空白。

刘云清说："工匠精神应该是劳模精神和创业精神的综合体，新时代的工匠精神，更多地体现在创新、精益求精、干事认真、讲究奉献、敢于迎接挑战。我是个完美主义者，我不能允许把有瑕疵的产品提供给客户。从我手上流出的产品，应该是让公司、客户放心的产品。由我来办、马上就办、办就办好，这是我们中车的工作作风。"他的徒弟王皓说："我师傅一直把一个个攻克的难题，看作是打磨一件件艺术品。师傅的言传身教、耳濡目染，让我们这一生都受益匪浅。"

古往今来，热衷于创新和发明的工匠们一直是世界科技进步的重要推动力量。新中国成立初期，我国涌现出一大批优秀的工匠，如倪志福、郝建秀等，他们为社会主义建设事业做出了突出贡献。改革开放以来，"汉字激光照排系统之父"王选、从事高铁研制生产的铁路工人和从事特高压、智能电网研究运行的电力工人等都是"工匠精神"的优秀传承者，他们让中国创新重新影响了世界。

任务六　手动冲床制作

【知识目标】

1）掌握套螺纹相关知识。

2）掌握简单机构的装配知识。

【能力目标】

1）能按照图样要求进行套螺纹加工。

2）会制订零件加工工作计划。

3）会制订简单机构的装配计划。

4）能进行简单机构的装配和调试。

【素质目标】

1）具有严谨的学习态度，良好的学习习惯。

2）让学生了解执着与技艺的关系，懂得传统手工的价值。

3）培养学生保持工作环境清洁有序、着装整洁规范的职业素养。

一、任务描述

图 6-1 所示为手动冲床，请按手动冲床的装配图和零件图（图 6-2 ~ 图 6-11）要求，在规定的时间内完成手动冲床的制作。该任务由 3~5 名学生以小组的形式完成。

a) 实物图

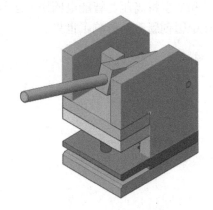

b) 立体图

图 6-1　手动冲床

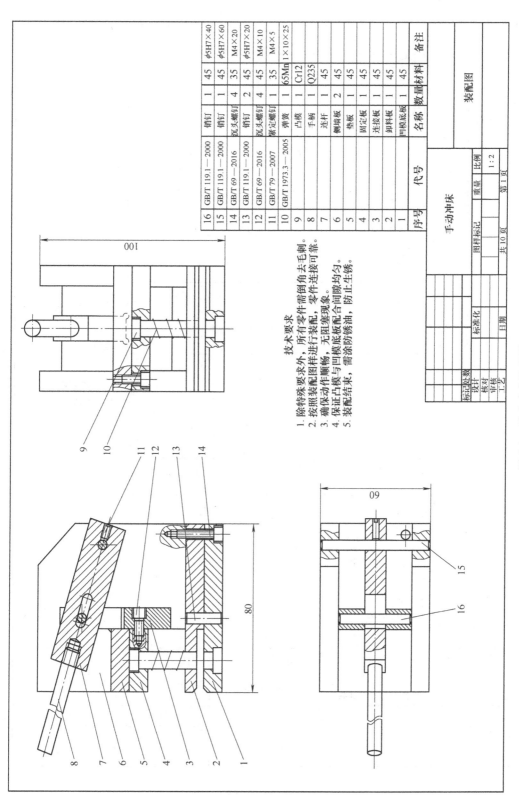

序号	代号	名称	数量	材料	备注
16	GB/T 119.1—2000	销钉	1	45	φ5H7×40
15	GB/T 119.1—2000	销钉	1	45	φ5H7×60
14	GB/T 69—2016	沉头螺钉	4	35	M4×20
13	GB/T 119.1—2000	销钉	2	45	φ5H7×20
12	GB/T 69—2016	沉头螺钉	4	45	M4×10
11	GB/T 79—2007	紧定螺钉	1	35	M4×5
10	GB/T 1973.3—2005	弹簧	1	65Mn	1×10×25
9		凸模	1	Cr12	
8		手柄	1	Q235	
7		连杆	1	45	
6		侧端板	2	45	
5		垫板	1	45	
4		固定板	1	45	
3		连接板	1	45	
2		卸料板	1	45	
1		凹模底板	1	45	

手动冲床　比例1:2　第1页　共10页

技术要求
1. 除特殊要求外，所有零件需倒角去毛刺。
2. 按照装配图样进行装配。
3. 确保动作顺畅，无阻塞现象。
4. 保证凸模与凹模底板配合间隙均匀。
5. 装配结束，需添防锈油，防止生锈。

图6-2　手动冲床装配图

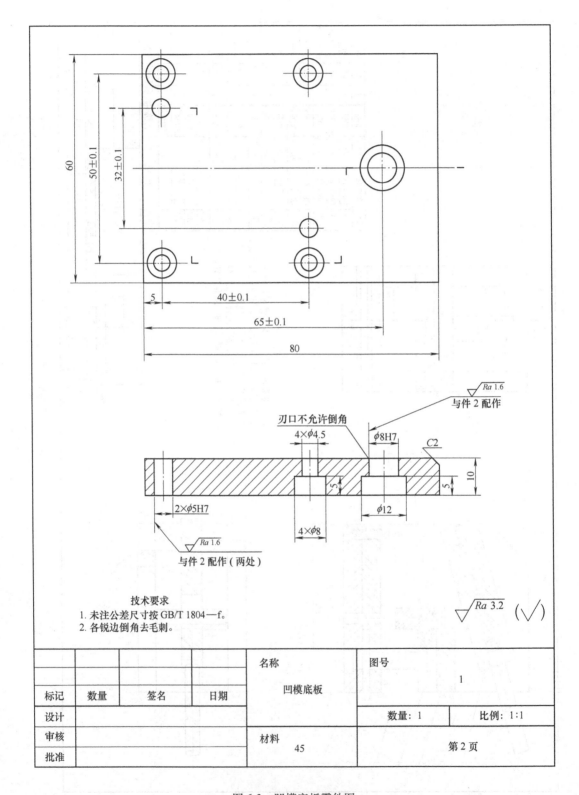

图 6-3　凹模底板零件图

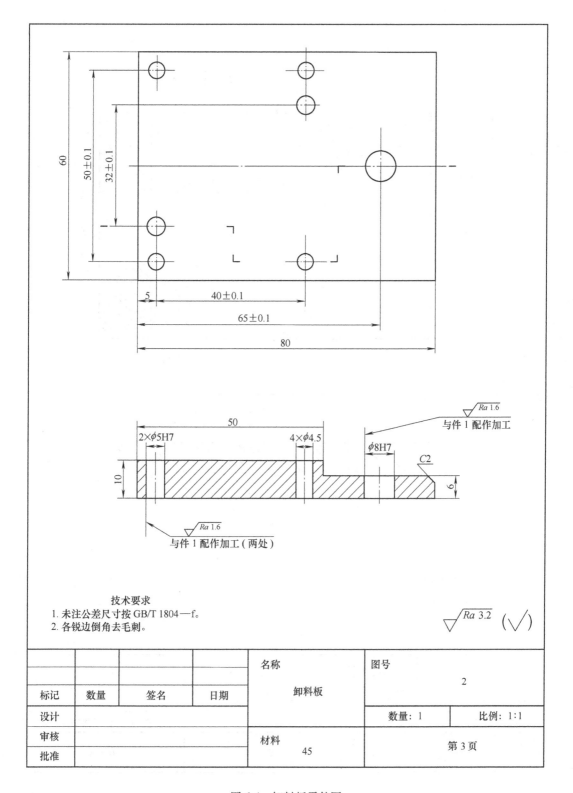

图 6-4　卸料板零件图

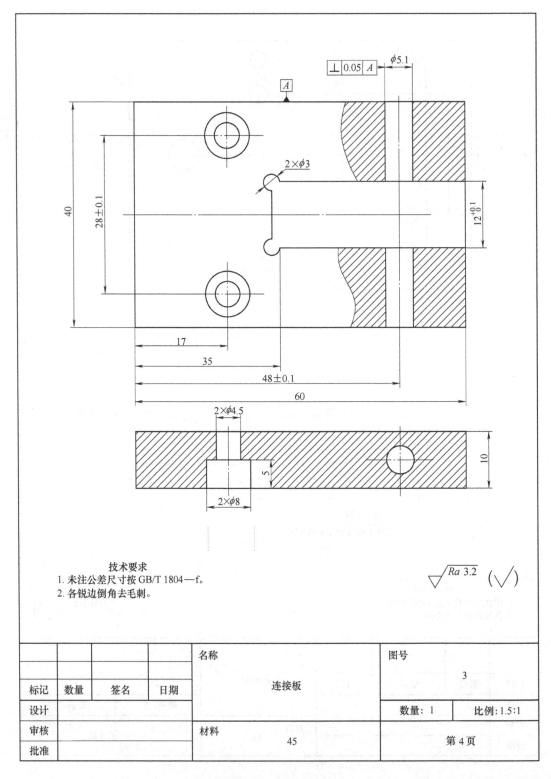

图 6-5　连接板零件图

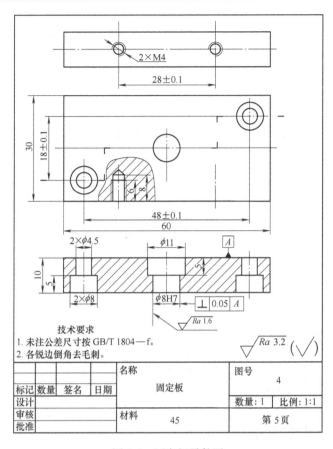

图 6-6　固定板零件图

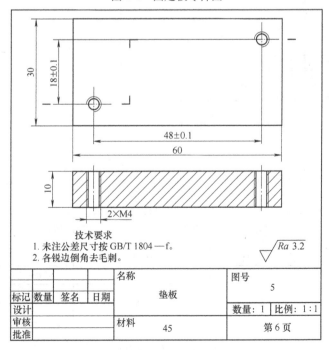

技术要求
1. 未注公差尺寸按 GB/T 1804—f。
2. 各锐边倒角去毛刺。

$\sqrt{Ra\,3.2}$

				名称		图号	5
标记	数量	签名	日期		垫板		
设计						数量：1	比例：1:1
审核				材料	45	第6页	
批准							

图 6-7　垫板零件图

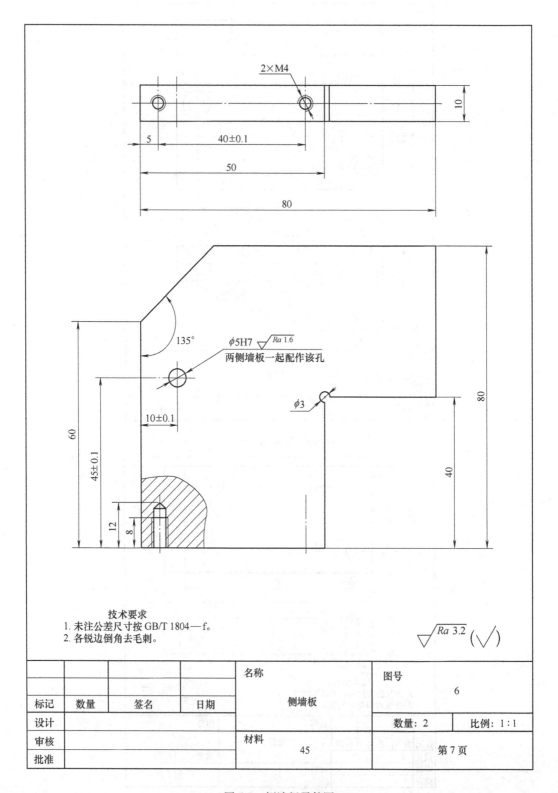

图 6-8　侧墙板零件图

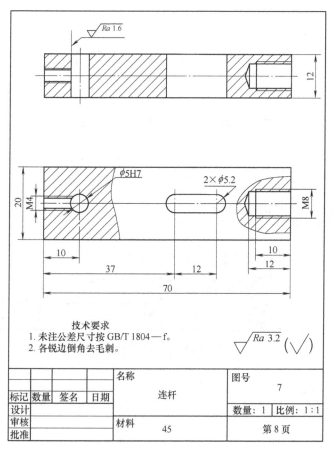

图 6-9　连杆零件图

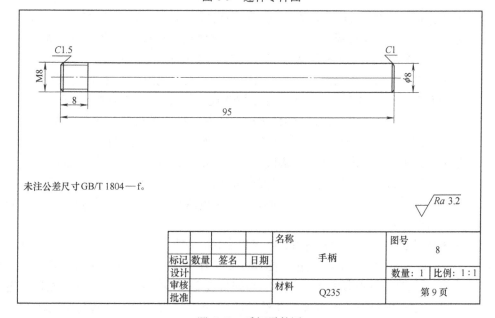

图 6-10　手柄零件图

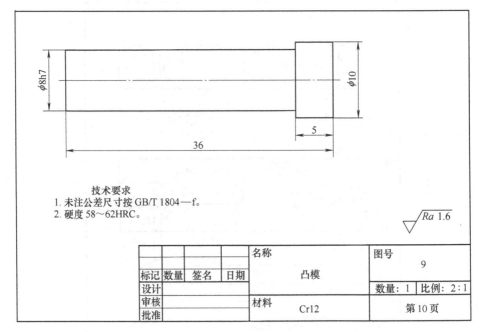

技术要求
1. 未注公差尺寸按 GB/T 1804—f。
2. 硬度 58～62HRC。

$\sqrt{Ra\ 1.6}$

标记	数量	签名	日期	名称		图号	9
设计				凸模		数量：1	比例：2:1
审核				材料	Cr12	第 10 页	
批准							

图 6-11 凸模零件图

二、信息收集

1. 装配图的识读

（1）图样分析 从图 6-2 的标题栏和明细栏中可以看出，该项目名称为手动冲床。该项目由凹模底板、卸料板、连接板、固定板、垫板、侧墙板、连杆、手柄、凸模等 16 种零件组成。手动冲床装配图采用三个视图表达，主视图采用全剖视图，表达了手动冲床的主要装配关系。俯视图和左视图采用局部剖视图，补充表达了在主视图中未能表达清楚的结构。

（2）分析手动冲床工作原理 将手动冲床放置在工作台上，当通过手动的方式对手柄 8 作用下压力时，手柄带动连杆 7 绕销钉 15 转动。随着连杆 7 的转动，连杆 7 上的腰形槽推动销钉 16 产生向下滑动，进而带动连接板 3 下行。连接板 3 通过螺钉固定在固定板 4 上，凸模 9 装在固定板 4 的圆孔内，并通过垫板 5 进行固定。连接板 3 的下行，带动凸模 9 向下运动，弹簧 10 产生压缩，凸模 9 通过与凹模底板 1 的配合对零件进行冲孔加工。当冲孔加工完成并撤销手动压力时，弹簧 10 产生回弹，带动凸模 9 复位。在复位过程中，卸料板 2 将箍在凸模上的零件卸下。

（3）分析零件的装配关系 从图 6-2 中可以看出，凹模底板 1、卸料板 2 与两侧墙板 6 通过螺钉 14 连接，并采用销钉 13 定位。凸模 9 安装在固定板 4 的台阶孔内，通过垫板 5 进行固定。弹簧 10 直接套在凸模 9 上。凸模 9 与卸料板 2、凹模底板 1 均为间隙配合。连接板 3 通过螺钉 12 固定在固定板 4 的侧面，并通过销钉 16 与连杆 7 配合。连杆 7 的尾端采用销钉 15 与两侧墙板连接，并通过紧定螺钉 11 止转。手柄 8 通过螺纹配合，旋合在连杆 7 上。

（4）尺寸及技术要求 手动冲床的总体尺寸为 80mm×60mm×100mm。装配前，除特殊要求的零件外，所有锐边均需倒角、去毛刺，以防划伤手及影响装配功能的实现。装配过程中，所有零件的连接需可靠，应保证凸模 9 与凹模底板 1、卸料板 2 的配合间隙，并确保动作顺畅，无阻塞现象。装配完成后，需对手动冲床进行涂油防锈处理。

2. 套螺纹知识

用板牙在圆柱体上切削加工螺纹的方法称为套螺纹。

（1）套螺纹的工具

1）圆板牙。圆板牙是加工外螺纹的工具。圆板牙的基本结构像一个圆螺母，在板牙上面对称分布多个容屑孔，并加工出切削刃，如图 6-12 所示。圆板牙的螺纹部分可分为切削和校准两部分。在两端面上被磨出切削锥角的部分是切削部分，它是经过铲磨加工成的阿基米德螺旋面。圆板牙的中间一段是校准部分，也是套螺纹时的导向部分，起校准和导向作用。

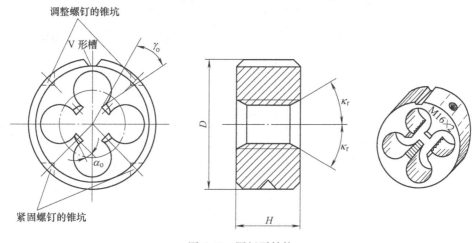

图 6-12　圆板牙结构

M3.5 以上的板牙，在外圆柱面上有 4 个锥坑和一条 V 形槽。锥坑的轴线通过板牙的中心，并用紧固螺钉固定，以传递扭矩。当板牙磨损后，套出的螺纹直径偏大时，可用锯片砂轮在 V 形槽中心割出一条通槽，通过紧固螺钉的收紧来缩小板牙的尺寸，调节范围为 0.1 ~ 0.25mm。在调节时，应使用标准样规或通过试切来确定板牙的尺寸是否合格。当在 V 形槽的开口处旋入螺钉后，板牙直径变大。圆板牙的两端都是切削部分，因此当一端磨损后可换另一端继续使用。

2）板牙架。板牙架是装夹板牙的工具。板牙放入相应规格的板牙架孔内，并通过紧固螺钉固定，用来传递套螺纹时的切削扭矩。板牙架如图 6-13 所示。

图 6-13　板牙架

（2）套螺纹前圆杆直径的确定 套螺纹与攻螺纹时的切削过程相同，即螺纹的牙尖也要被挤高一些，因此，圆杆的直径应比外螺纹的大径稍小些。一般圆杆的直径可用以下公式计算

$$d_{杆} = d - 0.13P$$

式中　　$d_{杆}$——套螺纹前的圆杆直径；

　　　　d——外螺纹的大径；

　　　　P——螺距。

套螺纹前，圆杆的直径也可以由表 6-1 查得。

表 6-1　用板牙套螺纹时的圆杆直径

粗牙普通螺纹				寸制螺纹			圆柱管螺纹		
螺纹直径/mm	螺距/mm	螺杆直径/mm		螺纹直径/in	螺杆直径/mm		螺纹直径/in	管子外径/mm	
		最小直径	最大直径		最小直径	最大直径		最小直径	最大直径
M6	1	5.8	5.9	1/4	5.9	6	1/8	9.4	9.5
M8	1.25	7.8	7.9	5/16	7.4	7.6	1/4	12.7	13
M10	1.5	9.75	9.85	3/8	9	9.2	3/8	16.2	16.5
M12	1.75	11.75	11.9	1/2	12	12.2	1/2	20.5	20.8
M14	2	13.7	13.85	—	—	—	5/8	22.5	22.8
M16	2	15.7	15.85	5/8	15.2	15.4	3/4	26	26.3
M18	2.5	17.7	17.85	—	—	—	7/8	29.8	30.1
M20	2.5	19.7	19.85	3/4	18.3	18.5	1	32.8	33.1
M22	2.5	21.7	21.85	7/8	21.4	21.6	$1\frac{1}{8}$	37.4	37.7
M24	3	23.65	23.8	1	24.5	24.8	$1\frac{1}{4}$	41.4	41.7
M27	3	26.65	26.8	$1\frac{1}{4}$	30.7	31	$1\frac{3}{8}$	43.8	44.1
M30	3.5	29.6	29.8	—	—	—	$1\frac{1}{2}$	47.3	47.6
M36	4	35.6	35.8	$1\frac{1}{2}$	37	37.3	—	—	—
M42	4.5	41.55	41.75	—	—	—	—	—	—

（3）套螺纹的方法及要领

1）选择直径合适的螺杆，并将端部倒角（15°~40°），以便起削。否则，会造成螺纹歪斜。

2）因为套螺纹时的切削力矩较大，为了防止圆杆夹持偏斜或出现夹痕，一般应用厚铜板做衬垫，或用 V 形钳口夹持。圆杆套螺纹部分的伸出长度应尽量短，并且呈铅垂方向放置。

3）套螺纹前，将装在板牙架上的板牙套在圆杆上，使板牙与圆杆垂直。套螺纹时，右手握住板牙架的中间，加适当的压力，并顺时针转动（对于左旋螺纹，应逆时针转动）。在板牙切入圆杆 1~2 圈时，用目测检查是否套正，如果不正，应慢慢纠正后再继续往下套，

这时不需要施加压力。在套螺纹过程中需经常回退，使切屑断碎、容易排出。

4）套 M12 以上的螺纹时，为了避免板牙扭裂，可以采用可调节板牙，分 2~3 次完成。

5）在钢件上套螺纹时，要加切削液，以降低螺纹表面粗糙度值，并延长板牙使用寿命。常用切削液有乳化液和机油。

（4）套螺纹注意事项

1）套螺纹前，工件的端部要倒角。

2）套螺纹时切削力很大，所以要将工件夹紧。为防止损伤工件外圆表面，夹持时应在钳口和工件之间加衬垫。

3）要使板牙的端面与工件的轴线垂直。

4）开始套螺纹时，对板牙需要施加轴向压力。当板牙的切削部分全部切入工件以后，就不需再施加压力，以避免套出的螺纹牙型不符合要求和板牙切削刃受损伤。

5）套螺纹前，应将板牙内的切屑清洗干净。

（5）套螺纹时的废品分析　在套螺纹时，若操作不当则会产生废品，其形式和原因见表 6-2。

表 6-2　套螺纹时的废品分析

废品形式	产　生　原　因
乱牙 （乱扣）	①圆杆直径太大 ②板牙被磨钝 ③板牙没有经常倒转，以致切屑堵塞并将螺纹啃坏 ④板牙架不稳，并使板牙左右摇摆 ⑤板牙歪斜太多而强行修正 ⑥在板牙的切削刃上粘有积屑瘤 ⑦没有选择合适的切削液
螺纹歪斜	①圆杆的端面倒角不好，因此板牙的位置难以找正，切入时歪斜 ②两手用力不均匀，以致板牙架歪斜
螺纹的牙深不够	①圆杆的直径太小 ②板牙的 V 形槽调节不当，以致直径过大

3. 装配基础知识

（1）概述

1）机械装配的概念。一部复杂的机械设备是由许多零件和部件所组成的。按照规定的技术要求，将若干个零件组合成部件，由若干个部件组合成总成，由所有的总成组合成整台机械设备的过程，称为机械装配。

机械装配是机器制造和修理的重要环节。机械装配的质量对机械设备的正常运转、使用性能和使用寿命都有较大的影响。若装配工艺不当，即使有高质量的零件，机械设备的性能也很难达到要求，严重时还可能造成机械设备破坏或人身事故。因此，机械装配必须根据机械设备的性能指标，严格按照技术规范进行。

2）机械装配的工艺过程。机械装配的工艺过程一般包括：机械装配前的准备工作、装配、检验和调整。

①机械装配前的准备工作。

a）熟悉机械设备及各部件、各总成装配图和相关技术文件，了解各零件的结构特点、作用、相互连接关系及连接方式。

b）根据零部件的结构特点和技术要求，制订合适的装配工艺规程、选择装配方法、确定装配顺序；准备装配时所用的工具、夹具、量具和材料。

c）按清单检测各备装零件的尺寸精度，核查技术要求，凡有不合格者一律不得装配。

d）零件装配前必须进行清洗，对于经过钻孔、铰削、镗削等机械加工的零件，要将其表面的金属屑末清除干净；润滑油道要用高压空气或高压油吹洗干净；有相对运动的配合表面更要保持清洁，以免因脏物或尘粒等混杂其间而加速配合件表面的磨损。

②装配。装配要按照工艺过程认真、细致地进行。装配的一般步骤是：先将零件装成部件，再将部件装成总成，最后将总成装成机器。装配应从里到外，从下到上，以不影响下道工序为原则。

每装配完成一个部件，应认真、仔细地检查和清理，防止有遗漏或错装的零件，防止将工具、多余零件及杂物留存在箱体之中。

③检验和调整。机械设备装配后，需对设备进行检验和调整。需检查零部件的装配工艺是否正确，装配是否符合设计图样的规定。凡不符合规定的部位，都需要进行调整，以保证设备的使用性能和满足规定的技术要求。

3）保证装配精度的工艺方法。机器的性能和精度是在机械零件质量合格的基础上，通过良好的装配工艺来实现的。如果装配不正确，即使零件的加工质量很高，机器也可能无法达到设计的使用要求。因此，保证装配精度是机械装配工作的根本任务。装配精度包括配合精度和尺寸链精度两种。

①配合精度。在机械装配过程中，大部分工作是保证零部件之间的正常配合。目前常采用的保证配合精度的装配方法有以下几种：

a）完全互换法：即在机器装配过程中，每个待装配零件不需要挑选、修配和调整，装配后就能达到装配精度。它是通过控制零件的加工误差来保证装配精度的一种方法，该方法操作简单、方便，装配生产效率高，便于组织流水线及自动化装配，但对零件的加工精度要求较高；适用于配合零件数量较少、批量较大的场合。

b）分组选配法：即将加工零件的制造公差放宽若干倍，对加工后的零件进行测量分组，并按对应组进行装配，同组零件可以互换。采用这种方法，零件按经济加工精度制造也能获得很高的装配精度，但增加了测量分组工作。此方法适用于成批或大量生产、装配精度较高的场合。

c）调整法：即先选定配合副中的一个零件作为调整件并加工出多种尺寸，装配时通过更换不同尺寸的调整件或改变调整件的位置来保证装配精度。虽然零件按经济加工精度制造也能获得较高的装配精度，但装配质量在一定程度上依赖操作者的技术水平。

d）修配法：即先对配合副中的某零件预留修配量，装配时通过手工锉、刮、磨修配达到要求的配合精度。采用这种方法，零件按经济加工精度加工也能获得较高的装配精度，但修配劳动量较大，且装配质量很大程度上依赖操作者的技术水平。此方法适用于单件小批量生产的场合。

②尺寸链精度。在机械设备或部件的装配过程中，零件或部件间有关尺寸构成了互相有

联系的封闭尺寸组，合称为装配尺寸链。这些尺寸关联在一起，就会相互影响并产生累积误差。在机械装配过程中，有时虽然各配合件的配合精度满足了要求，但是累积误差所造成的尺寸链误差可能超出设计范围，从而影响机器的使用性能，因此，装配后必须对尺寸链中的重要尺寸进行检验。

如图 6-14 所示，4 个尺寸 A_1、A_2、A_3、A_0 构成了装配尺寸链。其中 A_0 为装配过程中最后形成的环，是尺寸链的封闭环，当 A_1 为最大，A_2、A_3 为最小时，A_0 最大；反之，当 A_1 为最小，A_2、A_3 为最大时，A_0 最小。A_0 的值可能超出设计要求范围，因此在装配后需进行检验，使 A_0 符合规定。

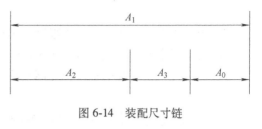

图 6-14　装配尺寸链

4）装配的一般工艺要求。装配时，要根据零部件的结构特点，采用合适的工具或设备，严格、仔细地按顺序装配，并注意零部件之间的方位和配合精度要求。

①对于采用过渡配合和过盈配合的零件，如滚动轴承的内、外圈等，必须采用相应的铜棒、铜套等专用工具和工艺措施进行手工装配，或按技术条件借助设备进行加温、加压装配。如果遇到装配困难，应先分析原因，排除故障，并提出有效的改进方法，再继续装配，切不可强行敲打、鲁莽行事。

②运动零件的摩擦表面，在装配前均应涂上适量的润滑油，如轴颈、轴承、轴套、活塞、活塞销和缸壁等。油脂的盛装必须清洁加盖，避免尘沙进入；盛具应定期清洗。

③对于配合件，装配时也应先涂润滑油脂，以利于装配和减少配合表面的初磨损。

④装配时应核对零件的各种安装记号，以防错装。

⑤对于某些装配技术要求，如装配间隙、过盈量、啮合印痕等，应边安装边检查，并随时进行调整，以避免装配后返工。

⑥每一部件装配完毕，必须严格、仔细地检查和清理，防止有遗漏或装错的零件，同时防止将工具、多余零件及杂物留存在箱体之中而造成事故。

（2）螺纹连接

1）技术要求。螺纹连接是一种可拆的固定连接，它具有结构简单、连接可靠、拆卸方便等优点。螺纹连接要达到紧固而可靠的目的，必须保证螺纹副具有一定的摩擦力矩。摩擦力矩是由于连接时施加拧紧力矩后螺纹副产生预紧力而获得的。

一般的紧固螺纹连接，在无具体的拧紧力矩要求时，采用一定长度的普通扳手按经验拧紧即可。在一些重要的螺纹连接中，如汽车制造、飞机制造等，常提出螺纹连接应达到规定的预紧力要求，控制方法如下：

①控制转矩法：用测力扳手来指示拧紧力矩，使预紧力达到规定值。

②控制螺栓伸长法：即通过控制螺栓伸长量来控制预紧力的方法。

③控制螺母转角法：即通过控制螺母拧紧时应转过的拧紧角度来控制预紧力的方法。

2）常用工具。为了保证装配质量和装配工作的顺利进行，合理地选择和使用装配工具是很重要的。常用的工具有以下几种：

①旋具。旋具用来拧紧或松开头部带沟槽的螺钉。其工作部分用碳素工具钢制成，并经淬火硬化。

标准旋具由木柄、刀体和刀口组成，如图 6-15a 所示。标准旋具用刀体部分的长度代表其规格，常用的有 4in（100mm）、6in（150mm）、8in（200mm）、12in（300mm）及 16in（400mm）等几种，根据螺钉沟槽宽度来选用。

十字旋具用来拧紧头部带十字槽的螺钉，在较大的拧紧力下，这种旋具不易从槽中滑出，如图 6-15b 所示。

弯头旋具用于螺钉顶部空间受限制的情况，如图 6-15c 所示。

快速旋具用来拧紧（或松开）小螺钉，工作时推压手柄，使螺旋杆通过内部机构而转动，可以快速拧紧或松开小螺钉，提高装拆速度，如图 6-15d 所示。

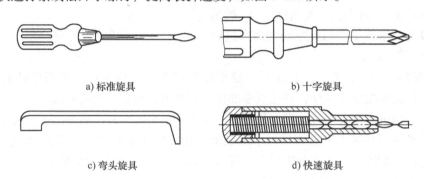

a) 标准旋具　　　　　　　　　　　　　b) 十字旋具

c) 弯头旋具　　　　　　　　　　　　　d) 快速旋具

图 6-15　旋具

②扳手。扳手用来拧紧六角形、正方形螺钉和各种螺母。一般用工具钢、合金钢或可锻铸铁制成。它的开口要求光洁和坚硬耐磨。扳手有通用、专用和特种三类。

通用扳手即活扳手，如图 6-16 所示，由扳手体和固定钳口、活动钳口及蜗杆组成，其开口的尺寸能在一定范围内调节，其规格见表 6-3。

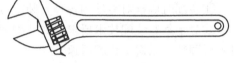

图 6-16　活扳手

表 6-3　活扳手规格

长度	米制/mm	100	150	200	250	300	375	450	600
	寸制/in	4	6	8	10	12	15	18	24
开口最大宽度/mm		14	19	24	30	36	46	55	65

使用活扳手时，应让固定钳口受主要作用力，否则容易损坏扳手。钳口的尺寸应适合螺母的尺寸，否则会损坏螺母或螺钉。不同规格的螺母（或螺钉）应选用相应规格的活扳手。扳手手柄的长度不可任意接长，以免拧紧力矩太大而损坏扳手或螺钉。活扳手的工作效率不高，活动钳口容易歪斜，往往会损伤螺母或螺钉的头部表面。

内六角扳手如图 6-17 所示，用于拧紧内六角螺钉，这种扳手是成套的，可拧紧 M3 ~ M24 的内六角螺钉。

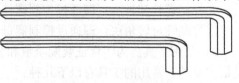

图 6-17　内六角扳手

3）螺钉、螺母的装配要点

①做好被连接件和连接件的清洁工作，螺钉拧入时，螺纹部分应涂上润滑油。

②装配时要按一定的拧紧力矩拧紧，用大扳手拧小螺钉时特别要注意用力不要过大。

③螺杆不应弯曲变形，螺钉头部、螺母底面应与连接件接触良好。

④被连接件应均匀受压，互相紧密贴合，连接牢固。

⑤采用成组螺钉或螺母时，应根据连接件的形状及紧固件的分布情况，按一定顺序逐次（一般 2~3 次）拧紧，如可按图 6-18 所示的编号顺序逐次拧紧。

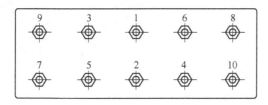
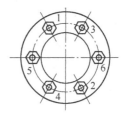

a) 矩形排列   b) 圆形排列

图 6-18 拧紧成组螺母时的顺序

⑥连接件在工作中受振动或冲击时，为了防止螺钉或螺母松动，必须设有可靠的防松装置。

螺纹连接的防松方法如下：

a）加大摩擦力防松。分为两种：锁紧螺母（双螺母）防松，如图 6-19a 所示；弹簧垫圈防松，如图 6-19b 所示。

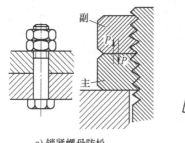

a) 锁紧螺母防松   b) 弹簧垫圈防松

图 6-19 加大摩擦力防松

b）机械方法防松。分为四种：开口销与带槽螺母防松，如图 6-20a 所示；六角螺母止动垫圈防松，如图 6-20b 所示；圆螺母止动垫圈防松，如图 6-20c 所示；串联钢丝防松，如图 6-20d 所示，采用时应注意钢丝串联的方法。

c）用螺栓锁固密封剂防松。一些先进企业已广泛采用这一方法防止螺纹松动。合理选用螺栓锁固胶可保证既能防松动、防漏、防腐蚀，又能方便拆卸。使用螺栓锁固胶时，只要擦去螺纹表面油污、涂上锁固胶并将其拧入螺孔，拧紧便可。

（3）销连接 销连接的作用是定位（图 6-21a）、连接或锁定零件（图 6-21b），有时还可起到安全保险作用（图 6-21c），即在过载的情况下，保险销首先折断，机械机构即停止

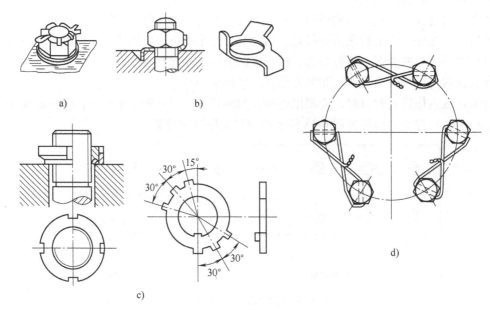

a)

b)

c)

d)

图 6-20　机械方法防松装置

动作。销的结构简单，连接可靠，装拆方便，在各种机械机构中应用很广。各种销大多采用 30 钢、45 钢制成。其形状和尺寸已经标准化。销孔的加工大多是采用铰刀加工。

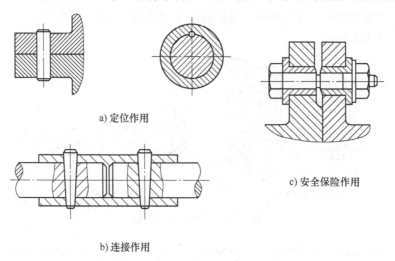

a) 定位作用

c) 安全保险作用

b) 连接作用

图 6-21　销连接

1）圆柱销

①圆柱销一般依靠过盈配合固定在孔中，用以固定零件、传递动力或作为定位元件。在两被连接零件相对位置调整、紧固的情况下，才能对两被连接件同时钻、铰孔，孔壁表面粗糙度小于 $Ra1.6\mu m$，以保证连接质量。

②选用圆柱铰刀时，必须保证在圆柱销打入时有足够的过盈量。

③圆柱销打入前应做好销孔的清洁工作，销上涂机油后方可打入。

④圆柱销装入后尽量不要拆，以防影响连接精度及连接的可靠性。

2）圆锥销

①在两被连接零件相对位置调整、紧固的情况下，才能对两被连接件同时钻、铰孔，钻头直径为锥销的小端直径，铰刀的锥度为 1∶50，注意孔壁表面粗糙度要求。

②铰刀铰入深度以圆锥销自由插入后，大端露出工件表面 2~3mm 为宜。做好锥孔清洁工作，圆锥销涂上机油后插入孔内，再用锤子打入。圆锥销大端露出长度不超过倒角长度，有时要求大端端面与被连接件表面平齐。

③一般连接件定位用的定位销均为两个，注意两销装入深度基本要求一致。

④销在拆卸时，一般从一端向外敲击即可；有螺尾的圆锥销可用螺母旋出；拆卸带内螺纹的销时，可采用拔销器拔出。

三、工作计划

1. 操作要点及步骤

1）零件加工

①仔细阅读图样，制订合理的工作计划。

②锉削加工基准面，保证形位要求。

③锉削加工外形尺寸，达到图样要求。

④按照图样要求进行划线，打样冲眼。

⑤按照图样要求进行钻孔、攻螺纹、倒角等加工。

⑥去除结构余料，并按图样尺寸进行锉削加工。

⑦倒角、去毛刺，并按图样对工件进行检查。

2）手动冲床装配。手动冲床在装配前须检查各零件的尺寸是否合格，并准备好装配时的工、量具。手动冲床装配步骤见表 6-4。

表 6-4 手动冲床装配步骤

序号	图 示	装 配 步 骤
1		①将凹模底板 1、卸料板 2、两侧墙板 6 调整好相对位置，并用螺钉 14 锁紧 ②同钻、同铰加工定位销孔和 φ8H7 凸模配合孔
2		将凸模 9 插入固定板 4 的配合孔中，盖上垫板 5，调整好位置并用螺钉 12 锁紧

（续）

序号	图　示	装　配　步　骤
3		连接板 3、连杆 7 通过销钉 16 进行连接
4		通过销钉 15，将组件连杆 7 和连接板 3 连接到两侧墙板 6 上
5		①将弹簧 10 套在凸模 9 上，并将凸模 9 插入凹模底板 1 和卸料板 2 的孔中 ②调整好相对位置，将凸模固定板 4 通过螺钉 12 与连接板 3 锁紧
6		①通过螺纹连接，将手柄 8 旋入连杆 7 中 ②按照装配要求，测试手动冲床的工作性能，并进行适当调整

2. 工作计划表

根据任务要求，完成工作计划的制订。工作计划表见表 6-5。

表 6-5　工作计划表　　　　　　　计划用时：_____h

序号	工作内容	工量具	切削参数
1			
2			
3			
4			
5			
6			
7			
8			
9			
10			
11			
12			
13			

四、计划执行

1）零件加工注意事项

①零件加工前，需仔细阅读零件图并制订好工作计划。

②备料时，检查毛坯尺寸，并留好足够的加工余量，防止不必要的材料和加工时间的浪费。

③零件划线时，线条要清晰，划线结束时要对加工的线条进行检查，防止划错。

④由于材料可能有一定的内应力，在加工过程中需要留有适当的加工余量，避免由于去除余料时，内应力的释放导致工件变形而影响加工尺寸。

⑤加工螺纹孔和螺钉过孔时，要严格控制位置精度，否则会影响后续的装配工作。

⑥由于螺纹孔直径较小，在攻螺纹过程中需要特别小心，防止丝锥折断而导致工件报废。

⑦零件加工结束后需要对锐边进行倒角（凹模底板的刃口不允许倒角）。

2）手动冲床装配注意事项

①装配前，必须仔细阅读装配图样，严格按照图样要求进行装配。

②在用螺钉锁紧零件前，必须调整好零件间的相对位置。

③在进行同钻、同铰之前，必须确保螺钉锁紧。加工完成之前，不允许松动螺钉。同钻、同铰的孔在加工完成后，仍然需要对所有的孔口进行倒角（特殊要求除外）。

④对于有相对运动的零件或部件，在装配过程中，必须确保零部件运动自如方可进行下一道装配工序。

⑤总装完成后，需依照手动冲床功能进行调试，直至达到装配要求。

⑥装配结束后，对手动冲床进行涂油防锈。

五、自我检查

1. 零件评分表

1）请填写凹模底板评分表（表6-6~表6-9）。

表6-6　检测评分表　　　　　　　　评分等级：10分或0分

序号	检测尺寸/mm	极限偏差/mm	学生自测		老师评测		得分
			实际尺寸	是否符合要求	实际尺寸	是否符合要求	
1	长度80	±0.15					
2	宽度60	±0.15					
3	高度10	±0.1					
4	孔距50	±0.1					
5	孔距32	±0.1					
6	孔距40	±0.1					

（续）

序号	检测尺寸/mm	极限偏差/mm	学生自测		老师评测		得分
			实际尺寸	是否符合要求	实际尺寸	是否符合要求	
7	孔距65	±0.1					
8	4×φ4.5	±0.1					
9	2×φ5H7	+0.012/0					
10	φ8H7	+0.015/0					
11	沉孔深5（4处）	±0.5					
12	4×φ8	±0.1					
13	φ12	±0.1					
成绩							K1

表6-7　目测评分表　　　　　　　　　　　评分等级：10分至0分

序号	目测评分	目测得分
1	表面粗糙度 Ra3.2μm	
2	精密孔孔壁表面粗糙度 Ra1.6μm	
3	倒角（C2）、去毛刺	
成绩		K2

表6-8　尺寸评分表　　　　　　　　　　　评分等级：10分或0分

序号	检测尺寸/mm	极限偏差/mm	实际尺寸值	精尺寸	粗尺寸
1	长度80	±0.15		—	
2	宽度60	±0.15		—	
3	高度10	±0.1		—	
4	孔距50	±0.1		—	
5	孔距32	±0.1		—	
6	孔距40	±0.1		—	
7	孔距65	±0.1		—	
8	4×φ4.5	±0.1		—	
9	2×φ5H7	+0.012/0			—
10	φ8H7	+0.015/0			—
11	沉孔深5（4处）	±0.5		—	
12	4×φ8	±0.1		—	
13	φ12	±0.1		—	
成绩				K3	K4

表 6-9　计划执行评分表

序号	计划执行	成绩	除数	百分制成绩	权重	成绩
1	检测评分	K1			0.3	
2	目测评分	K2			0.1	
3	精尺寸	K3			0.4	
4	粗尺寸	K4			0.2	
	总分 满分 100 分					

2）请填写卸料板评分表（表 6-10～表 6-13）。

表 6-10　检测评分表　　　　评分等级：10 分或 0 分

序号	检测尺寸/mm	极限偏差/mm	学生自测		老师评测		得分
			实际尺寸	是否符合要求	实际尺寸	是否符合要求	
1	长度 80	±0.15					
2	宽度 60	±0.15					
3	高度 10	±0.1					
4	孔距 50	±0.1					
5	孔距 32	±0.1					
6	孔距 40	±0.1					
7	孔距 65	±0.1					
8	4×ϕ4.5	±0.1					
9	2×ϕ5H7	+0.012/0					
10	ϕ8H7	+0.015/0					
11	长度 50	±0.15					
12	高度 6	±0.05					
	成绩						
							K1

表 6-11　目测评分表　　　　评分等级：10 分至 0 分

序号	目　测　评　分	目测得分
1	表面粗糙度 $Ra3.2\mu m$	
2	精密孔孔壁表面粗糙度 $Ra1.6\mu m$	
3	倒角（$C2$）、去毛刺	
	成绩	
		K2

表6-12　尺寸评分表　　　　　　　　评分等级：10分或0分

序号	检测尺寸/mm	极限偏差/mm	实际尺寸值	精尺寸	粗尺寸
1	长度80	±0.15		—	
2	宽度60	±0.15		—	
3	高度10	±0.1		—	
4	孔距50	±0.1		—	
5	孔距32	±0.1		—	
6	孔距40	±0.1		—	
7	孔距65	±0.1		—	
8	4×φ4.5	±0.1		—	
9	2×φ5H7	+0.012/0			—
10	φ8H7	+0.015/0			—
11	长度50	±0.15		—	
12	高度6	±0.05		—	
	成绩			K3	K4

表6-13　计划执行评分表

序号	计划执行	成绩	除数	百分制成绩	权重	成绩
1	检测评分	K1			0.3	
2	目测评分	K2			0.1	
3	精尺寸	K3			0.4	
4	粗尺寸	K4			0.2	
	总分 满分100分					

3）请填写连接板评分表（表6-14~表6-17）。

表6-14　检测评分表　　　　　　　　评分等级：10分或0分

序号	检测尺寸/mm	极限偏差/mm	学生自测		老师评测		得分
			实际尺寸	是否符合要求	实际尺寸	是否符合要求	
1	宽度40	±0.15					
2	长度60	±0.15					
3	高度10	±0.1					
4	孔距28	±0.1					
5	孔边距48	±0.1					
6	孔边距17	±0.1					
7	边距35	±0.15					
8	宽度12	+0.1/0					

（续）

序号	检测尺寸/mm	极限偏差/mm	学生自测		老师评测		得分
			实际尺寸	是否符合要求	实际尺寸	是否符合要求	
9	2×φ4.5	±0.05					
10	2×φ8	±0.1					
11	沉孔深5（2处）	±0.5					
12	φ5.1	±0.05					
13	φ5.1孔垂直度	公差0.05					
	成绩						K1

表6-15　目测评分表　　　　评分等级：10分至0分

序号	目　测　评　分	目测得分
1	表面粗糙度 Ra3.2μm	
2	倒角、去毛刺	
	成绩	K2

表6-16　尺寸评分表　　　　评分等级：10分或0分

序号	检测尺寸/mm	极限偏差/mm	实际尺寸值	精尺寸	粗尺寸
1	宽度40	±0.15			—
2	长度60	±0.15			—
3	高度10	±0.1			—
4	孔距28	±0.1			—
5	孔边距48	±0.1			—
6	孔边距17	±0.1			—
7	边距35	±0.15			—
8	宽度12	+0.1/0			—
9	2×φ4.5	±0.05			—
10	2×φ8	±0.1			
11	沉孔深5（2处）	±0.5			
12	φ5.1	±0.5			—
13	φ5.1孔垂直度	公差0.05			—
	成绩			K3	K4

表6-17　计划执行评分表

序号	计划执行	成绩		除数	百分制成绩	权重	成绩
1	检测评分	K1				0.3	
2	目测评分	K2				0.1	
3	精尺寸	K3				0.4	
4	粗尺寸	K4				0.2	
总分 满分100分							

4）请填写固定板评分表（表6-18~表6-21）。

表6-18　检测评分表　　　评分等级：10分或0分

序号	检测尺寸/mm	极限偏差/mm	学生自测		老师评测		得分
			实际尺寸	是否符合要求	实际尺寸	是否符合要求	
1	宽度30	±0.1					
2	长度60	±0.15					
3	高度10	±0.1					
4	孔距18	±0.1					
5	孔距28	±0.1					
6	孔距48	±0.1					
7	ϕ8H7	+0.015/0					
8	ϕ11	±0.1					
9	2×M4	螺纹通止规					
10	2×ϕ4.5	±0.05					
11	2×ϕ8	±0.1					
12	沉孔深5（3处）	±0.5					
13	ϕ8H7孔垂直度	公差0.05					
成绩							
							K1

表6-19　目测评分表　　　评分等级：10分至0分

序号	目　测　评　分	目测得分
1	表面粗糙度 Ra3.2μm	
2	倒角、去毛刺	
成绩		
		K2

表 6-20　尺寸评分表　　　　　　　　　　　评分等级：10 分或 0 分

序号	检测尺寸/mm	极限偏差/mm	实际尺寸值	精尺寸	粗尺寸
1	宽度 30	±0.1		—	
2	长度 60	±0.15		—	
3	高度 10	±0.1		—	
4	孔距 18	±0.1		—	
5	孔距 28	±0.1		—	
6	孔距 48	±0.1		—	
7	$\phi 8H7$	+0.015/0			—
8	$\phi 11$	±0.1		—	
9	2×M4	螺纹通止规			—
10	2×ϕ4.5	±0.05		—	
11	2×ϕ8	±0.1		—	
12	沉孔深 5（3 处）	±0.5		—	
13	$\phi 8H7$ 孔垂直度	公差 0.05			—
成绩				K3	K4

表 6-21　计划执行评分表

序号	计划执行	成绩		除数	百分制成绩	权重	成绩
1	检测评分	K1				0.3	
2	目测评分	K2				0.1	
3	精尺寸	K3				0.4	
4	粗尺寸	K4				0.2	
总分							
满分 100 分							

5）请填写垫板评分表（表 6-22～表 6-25）。

表 6-22　检测评分表　　　　　　　　　　　评分等级：10 分或 0 分

序号	检测尺寸/mm	极限偏差/mm	学生自测		老师评测		得分
			实际尺寸	是否符合要求	实际尺寸	是否符合要求	
1	宽度 30	±0.1					
2	长度 60	±0.15					
3	高度 10	±0.1					
4	孔距 18	±0.1					
5	孔距 48	±0.1					
6	2×M4	螺纹通止规					
成绩							K1

表 6-23　目测评分表　　　　评分等级：10 分至 0 分

序号	目　测　评　分	目测得分
1	表面粗糙度 $Ra3.2\mu m$	
2	倒角、去毛刺	
成绩		K2

表 6-24　尺寸评分表　　　　评分等级：10 分或 0 分

序号	检测尺寸/mm	极限偏差/mm	实际尺寸值	精尺寸	粗尺寸
1	宽度 30	±0.1		—	
2	长度 60	±0.15		—	
3	高度 10	±0.1		—	
4	孔距 18	±0.1		—	
5	孔距 48	±0.1		—	
6	2×M4	螺纹通止规			—
成绩				K3	K4

表 6-25　计划执行评分表

序号	计划执行	成绩	除数	百分制成绩	权重	成绩
1	检测评分	K1			0.3	
2	目测评分	K2			0.1	
3	精尺寸	K3			0.4	
4	粗尺寸	K4			0.2	
总分 满分 100 分						

6）请填写侧墙板评分表（表 6-26～表 6-29）。

表 6-26　检测评分表　　　　评分等级：10 分或 0 分

序号	检测尺寸/mm	极限偏差/mm	学生自测		老师评测		得分
			实际尺寸	是否符合要求	实际尺寸	是否符合要求	
1	长度 80	±0.15					
2	宽度 80	±0.15					
3	宽度 40	±0.15					
4	高度 10	±0.1					
5	孔距 40	±0.1					

（续）

序号	检测尺寸/mm	极限偏差/mm	学生自测		老师评测		得分
			实际尺寸	是否符合要求	实际尺寸	是否符合要求	
6	孔边距 45	±0.1					
7	孔边距 10	±0.1					
8	$\phi5H7$	+0.012/0					
9	2×M4	螺纹通止规					
	成绩						K1

表 6-27 目测评分表   评分等级：10 分至 0 分

序号	目 测 评 分	目测得分
1	表面粗糙度 $Ra3.2\mu m$	
2	精密孔孔壁表面粗糙度 $Ra1.6\mu m$	
3	倒角、去毛刺	
	成绩	K2

表 6-28 尺寸评分表   评分等级：10 分或 0 分

序号	检测尺寸/mm	极限偏差/mm	实际尺寸值	精尺寸	粗尺寸
1	长度 80	±0.15		—	
2	宽度 80	±0.15		—	
3	宽度 40	±0.15		—	
4	高度 10	±0.1			
5	孔距 40	±0.1			
6	孔边距 45	±0.1			
7	孔边距 10	±0.1			
8	$\phi5H7$	+0.012/0			—
9	2×M4	螺纹通止规			—
	成绩			K3	K4

表 6-29 计划执行评分表

序号	计划执行		成绩	除数	百分制成绩	权重	成绩
1	检测评分	K1				0.3	
2	目测评分	K2				0.1	
3	精尺寸	K3				0.4	
4	粗尺寸	K4				0.2	
	总分						
	满分 100 分						

7）请填写连杆评分表（表6-30~表6-33）。

表6-30 检测评分表 评分等级：10分或0分

序号	检测尺寸/mm	极限偏差/mm	学生自测		老师评测		得分
			实际尺寸	是否符合要求	实际尺寸	是否符合要求	
1	长度70	±0.15					
2	宽度20	±0.1					
3	高度12	±0.1					
4	孔边距37	±0.15					
5	孔距12	±0.1					
6	孔边距10	±0.1					
7	ϕ5H7	+0.012/0					
8	M4	螺纹通止规					
9	M8	螺纹通止规					
10	2×ϕ5.2	±0.05					
成绩							K1

表6-31 目测评分表 评分等级：10分至0分

序号	目 测 评 分	目测得分
1	表面粗糙度 $Ra3.2\mu m$	
2	精密孔孔壁表面粗糙度 $Ra1.6\mu m$	
3	倒角、去毛刺	
成绩		K2

表6-32 尺寸评分表 评分等级：10分或0分

序号	检测尺寸/mm	极限偏差/mm	实际尺寸值	精尺寸	粗尺寸
1	长度70	±0.15		—	
2	宽度20	±0.1		—	
3	高度12	±0.1		—	
4	孔边距37	±0.15		—	
5	孔距12	±0.1		—	
6	孔边距10	±0.1		—	
7	ϕ5H7	+0.012/0			
8	M4	螺纹通止规			
9	M8	螺纹通止规			
10	2×ϕ5.2	±0.05		—	
成绩				K3	K4

表 6-33　计划执行评分表

序号	计划执行	成绩		除数	百分制成绩	权重	成绩
1	检测评分	K1				0.3	
2	目测评分	K2				0.1	
3	精尺寸	K3				0.4	
4	粗尺寸	K4				0.2	
总分 满分 100 分							

2. 装配评分表

填写装配评分表（表 6-34）。

表 6-34　手动冲床装配评分表

序号	评分要求	配分	学生自测	老师评测
1	零件按照图样要求倒角、去毛刺	10		
2	零件安装正确，与装配图一致	15		
3	所有零件连接可靠，无松动	10		
4	手动冲床运动顺畅，无阻塞现象	20		
5	手动冲床能顺利完成冲孔加工	15		
6	冲孔光滑无毛边	10		
7	外观漂亮，按要求涂油润滑进行防锈处理	10		
8	按照装配操作规范进行装配	10		
装配得分				

六、自我总结

根据任务实施过程中出现的问题进行总结，并填写表 6-35。

表 6-35　问题分析表

序号	出现的问题	问题产生的原因	解决方法

（续）

序号	出现的问题	问题产生的原因	解决方法

工匠精神内涵六：手工——"反科技"的意大利手工

　　世界顶级品牌布里奥尼（Brioni）的创始人之一 Nazareno Fonticoli 生在佩内，1945 年创立品牌时已经是罗马一位有名的裁缝。佩内就在阿布鲁佐大区，这里的裁缝在全意大利闻名，几乎家家都有做裁缝的亲戚，缝衣刺绣更是女人们的必备手艺。

　　在意大利，1000 年前就有裁缝守护神、裁剪师、缝纫师、钉纽扣师以及肩部设计师，甚至熨烫师，都是极受尊敬的工种。

　　意大利人从对待布料开始就充满感情和敬畏。布里奥尼创始人之一 Gaetano Savini 就说过："羊毛是一种有生命的材料，这种材料需要时间去调整和呼吸。你的西装要在 2 个月内至少被熨烫 184 次，这段时间你只能等。"同样，意大利有一种稀罕的骆马毛面料，这种布料昂贵且稀有。所以，在工坊，若是用这种布料做西服，一定要由他们工坊 350 名裁缝中最老资历的 45 名裁缝全手工剪裁缝制，耗费 25 个工时，一年只能生产 520 件。

　　在很多人看来，在这个互联网+的时代，花四年的时间学裁缝，此后毕生的工作就是一针一线一剪刀，听起来有些不可思议。在布里奥尼，他们甚至精确到一件西服总共需要 7000 针的手工缝线。好在这 7000 针不是无序的。一件西服的生产流程被分解为 220 个步骤，由 220 位高级裁缝接力完成：从手工绘图，手工做板和剪裁，到最后 90 个部分都通过手工缝纫完成。这期间需要熨烫 80 次，一共 22 个工时的高效工作。其中，手工扣眼需要用楔子打眼，缝好一个扣眼缝需要 100 针，耗时 30min。

参 考 文 献

［1］陈春，张成祥．钳工技能实训［M］.哈尔滨：哈尔滨工程大学出版社，2010.

［2］陈雷．钳工项目式应用教程［M］.北京：清华大学出版社，2009.

［3］王德洪，吕超，李伟．钳工技能实训［M］.北京：人民邮电出版社，2016.

［4］王恩海．钳工技术［M］.北京：北京理工大学出版社，2014.

［5］温上樵．钳工实训教程［M］.上海：上海交通大学出版社，2015.